人生不能照單全收，買東西也是

你怎麼買東西，就會怎麼過日子！

南仁淑 著
陳品芳 譯

你買的不是物品，而是人生。

目次

第二部

挑選適合的，不盲從跟買

第三部

該追流行嗎？

第四部

用不到、穿不到，也是一種浪費

作者序

不買東西的購物狂

這是跟朋友旅行時發生的事。我們一行人在景點裡的購物區到處逛，大家都很開心。在這個非日常的場合裡，所看見的每件物品都很有趣，如果價格親民，大家都會輕易打開錢包。

逛了一圈之後，一行人手裡都提了好幾袋戰利品，我手上卻只有一個袋子，而且那還不是我的，是要給朋友的禮物。朋友們知道

我的興趣是購物，也知道我非常愛買，看到這個情況全都嚇了一跳。

「妳怎麼什麼都沒買？妳不是很愛購物嗎？」

我只能這樣回答：「是很喜歡啊，但我不太買東西。」

「？？？」

「購物」一直以來都帶有虛榮和成癮的負面形象，也同時具有華麗且獨立自主的正面形象，給人的印象非常極端。但我認為，購物其實代表人生，由我們每天的選擇堆疊成人生的形狀。還有，最重要的是，購物是最容易獲得幸福的方法之一。雖然人們對購物帶來的快感戒慎恐懼，但正確購物帶來的幸福感，跟盲目網購帶來的成癮問題卻截然不同。

例如，梅雨季時剛洗好且烘乾的毛巾，有著蓬鬆無比的觸感，或是特價期間，低價買到高品質的好鞋，都能刺激神經元分泌出多巴胺，那種美好幸福只有懂得正確購物的人才能體會。購物可以是治癒靈魂的仙丹妙藥，但任何一種藥過度服用都會有嚴重的副作用。其實比起購物行為，購物成癮問題更有可能摧毀人生，造成憂鬱症與焦慮症。也就是說，喜歡購物並不表示一定會買很多東西。大量購買非必要物品的行為，會使人購物成癮，進一步讓身心產生依賴。

我開始自己賺錢之後，便會透過文字創作者獨特的自我檢驗與觀察，檢視自己的購物經歷，使我的購物逐漸成為一個還不錯的習慣。我可以不受欲望與現實之間的差異阻礙，愉快地拿財物交換人生所需的工具，這讓我很開心。最重要的是，這讓我有一種不被購買行為或物品支配的感覺。

這本書是我對購物的思索紀錄，是我在極簡主義與購物狂之間尋找解答的紀錄。我在書中假設人們可以透過「購物」這種自我發散的行為，達到了解自己、了解世界的目的。也就是說，我認為購物能讓我們看見自身、改變自身，更進一步幫助我們選擇職業、建立更良好的人際關係、成就品質更好的人生。

其實只要有錢，人人都能購物，所以或許會有人認為我過度解讀購物的意義。但我認為，購物可不是這麼膚淺的事，這是一種人類切割自我人生換取金錢，再拿金錢去交換某些物品的行為，既然購物買來的物品能與自己的人生交換，那麼，我們怎麼能輕忽自己對該項物品的態度呢？

觀察一個人怎麼購物、以及他的購物內容，便能看見那個人的一生。簡單來說，購物代表了一個人，因此，改變購物行為就能改變一個人。

如果我們選擇用哲學（philosophy）的原意「愛智慧」來解釋哲學，那麼「購物哲學」就會是個很不錯的詞。希望這本書能幫助你建立自己的購物哲學，並帶領你抵達藉著購物掌握人生的瞬間。

二〇二二年四月　南仁淑

你買的東西代言了你

第一部

1

買東西是分配有限的資源、
分配我的人生，
過程中所呈現出的優先順序，
就是我的態度與價值觀。

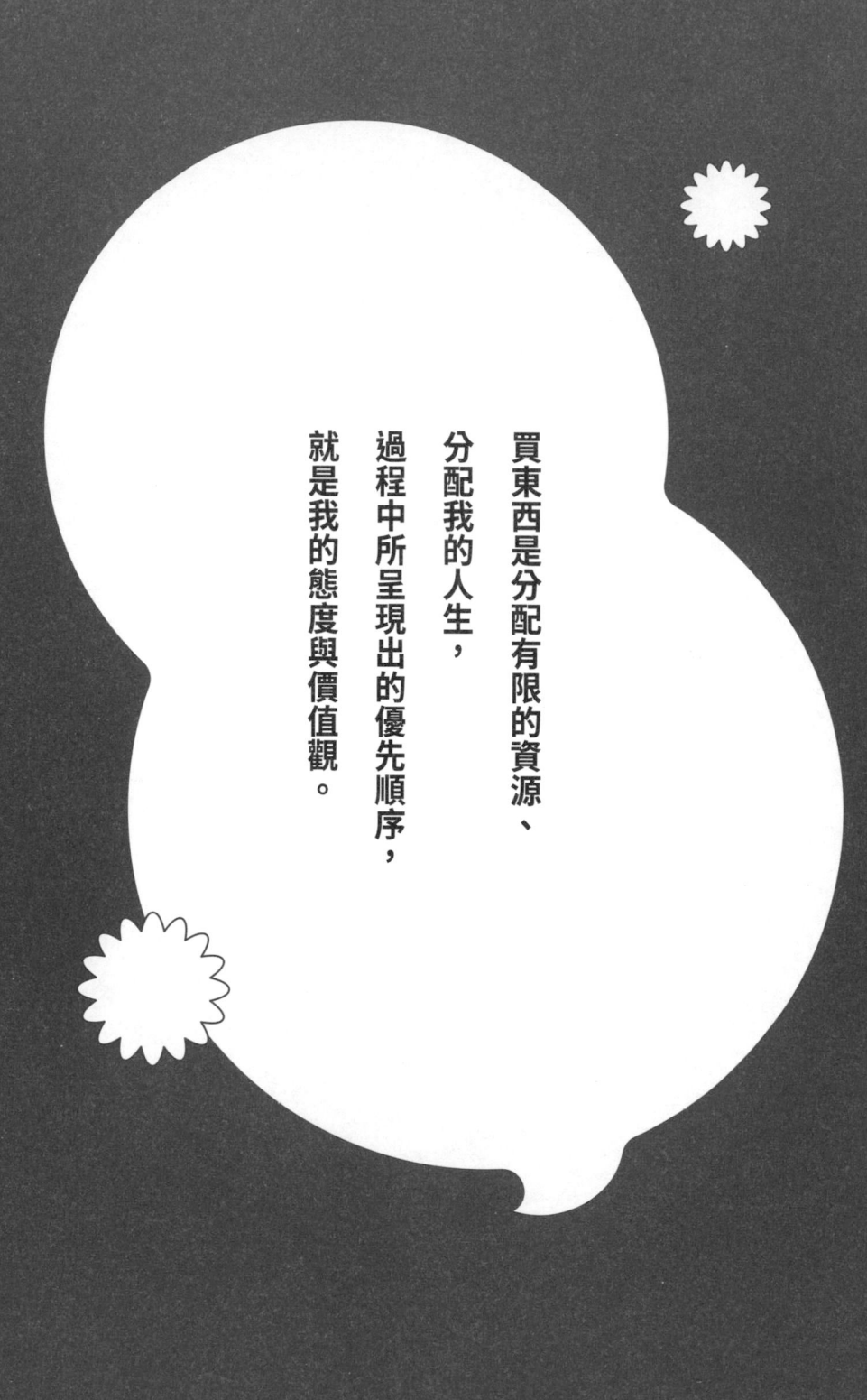

你如何購物，就如何過人生

「開始用自己的手賺錢、依照自己的意思買東西時，便能讓人更有尊嚴。」

編輯一邊看著企劃一邊說出這句話，頓時讓我的意識飄到另一個時空去。這句話觸碰到久遠以前，我曾感受過的模糊情緒。我回顧起自己仍是購物新生兒，不，應該說是連細胞分裂都尚未開始的購物胚胎時期。

在購物方面，我比同齡人更晚一步開始。我天生沒什麼物欲，高中畢業之後不再向父母拿零用錢的我，開始對購物這個行為產生罪惡感。邁入二十歲之後，我並沒有特別把自己的喜好或抑制反映在「用賺來的微薄收入換取其他物品」這件事上。最需要的、最便宜的，就是我唯一的選擇標準。當時的我就和我的開銷一樣，每天都在做微不足道的選擇，那些選擇甚至比不上蜷縮在牆角的乾癟自我。

讓我開始建立起「購物」價值觀的契機，是一位前輩同事的絲巾。她衣著簡單卻總是散發著優雅，我發現讓她做到這點的關鍵，便是那條絲巾。發現這件事的當下，心情可說是大受衝擊。畢竟對那時的我來說，絲巾是我絕對不可能買的品項，絲巾對我來說，就像超傳導磁石或血液離心機之類的商品，基本上沒有用處可言。這塊必須綁在脖子上，卻絲毫沒有保暖功能的布，究竟為何存在？一開始就超出我的理解範圍。

後來我才知道，簡單的衣著搭配一條絲巾是當時的流行。也多虧了這件事，讓我明白一個人對物品的喜好，會對他的存在感產生一定的影響。後來我也嘗試購買跟前輩相似的絲巾，卻無法適應自己脖子上綁著那東西的模樣。於是，我這輩子的第一條絲巾，就在不為人知的情況下淪落成手帕。

從那之後，我開始「購買能投射自我的物品」。奇怪的是，過去在人群中總是畏縮的我，也從這時開始慢慢有了自信。或許會有人認為依照自己的意志購物，就必須有經濟基礎支持，並認定一個人的自信是源於賺錢的能力，但我覺得這是不太一樣的問題。

許多人即使手頭寬裕到足以養活自己，仍不會有意識地購物，而是下意識地依照需求花錢。意外地，人們在面對其他選擇時所表現出的態度，竟與這種購物態度有驚人的相似。因為，購物就是在做選擇。買東西是分配有限的資源、分配我的人生，過程中所呈現出的優先順序，就是我的態度與價值觀。

「因為工作太忙、生活太累，不想連購物都要辛苦做抉擇」也是一個選項。所以在同樣的情況下，有些人認為，直接把櫥窗裡店員配在模特兒身上的整套衣服買下來較有效率，有些人則會直接把路過時第一眼看見的衣服買下來。

知道自己該買什麼時，才是掌握人生的開始

當我接觸過許多創作者，並開始懂得思考之後，便逐漸確信一個人擁有的物品與購物傾向，和這個人的生命息息相關。例如，一個極度需要收納的人，他的人生通常也很需要好好整頓。

當一個人在購物態度裡放入自己的意識與認同，就表示他正過著掌控自我的人生。明白這一點後，我便逐漸建立起自己的購物哲學，專注在人生所必須擁有的物品上。於是身邊的朋友、感情、工作，

也都只剩下我最想要的那些，我的生命變得簡單卻豐饒。

所以如果想稍稍改變人生，我覺得從「購物態度」開始，或許是個不錯的方法。

物品比人更能帶來安慰

我知道有個方法能讓人知道，自己現在的生活有多辛苦。

當魔法師突然出現在你面前，說能幫助你跟一個人交換人生時，你能立刻說出那個對象嗎？大多數的人即使平時會羨慕別人，但一聽到要和對方交換人生，都還是會感到遲疑。大家會說「雖然含著金湯匙出生，但我不希望自己是那種性格」、「雖然很有能力，但一想到要跟那種家人生活在一起就覺得可怕」。這表示人們大多還是最愛自己的人生，我們所羨慕的只是他人生命的一部分，同時也認為只要自己的人生稍稍變得更好一些，那就幾近完美。

不過，在人生的某段時期，我也曾出現想換掉整個人生，無論跟誰對調都無所謂的想法。我想，這表示我正處在人生的極度低潮中。在這最低潮的時期，我反而更清楚意識到自己與他人的界線。這時可不能草率地找朋友安慰自己，因為就連那些嘗試安慰我、溫柔安撫我的朋友，都會不小心戳到痛點而讓我更痛苦。當時那些處境比我好的人所說的每句話，都有如汽化後的毒物，深入我的每個細胞，令我隱隱作痛。

最致命的是，我知道那並不是他們的錯。我很清楚，當時的我認定所有的錯都應該歸咎於自己，所以他人無法帶給我安慰。相較於差距甚大的「人」，注入自我想法與價值的物品就不太一樣了。

當時我的落魄，讓我的心態變得扭曲，感覺自己無比渺小。

那時的我短暫住在人煙稀少，才剛開始開發的新城市。有一天，我到首爾市區辦事，途中莫名跑去明洞。如果真要找個理由來說明我為何跑去那裡，大概就是因為我想去人多的地方走走。我一直覺得若不想與他人接觸，最有效的方法其實是混入人群之中。明洞街頭的人實在太多，反而讓我感覺旁若無人。我在街頭走了一會兒，便進入開著冷氣的賣場，以躲避炎熱的天氣。

那間店沒有店員，是個能讓人自由挑選商品的購物中心，當時這種地方還很少見。那時的我絲毫不關注時尚訊息，卻很喜歡欣賞時尚單品。我開始試穿那些平時根本不會注意的「可怕服飾」，也拿起一些不符合自己喜好的包包來看。

接著，我拿起一頂被人隨手放在貨架上的帽子來戴，瞬間，我無法將視線從戴著帽子的自己身上移開。不知為什麼，那頂「報童帽」戴在我頭上竟合適得不得了。即使從我的標準來看，這頂帽子的設計真的非常特別，但戴在我頭上卻一點也不突兀，而這種意外的感覺，竟為我帶來前所未有的安慰與快感，宛如與素昧平生的陌生人產生了奇特的交流。

設計者設計出這頂帽子，並意圖使它流行起來，而它也遵從設計者的意圖，就這樣來到我身邊，這不是交流還能是什麼呢？與非我的存在連結，讓我得以從自己以外的角度看世界。偶爾這種感受甚至能拯救一個人，所以講述陌生人故事的文學作品，才能帶給人們如此的安慰。

雖然在當時，與生存無關的物品都無法讓我甘願打開錢包，但我最後還是買下了那頂帽子。因為在那個當下，那頂帽子確確實實與我的生存有明確的關聯性。只不過我從來不曾戴著那頂帽子外出，所以這可說是我人生首次的浪費經驗，卻也是最有價值的購物經驗。

喜愛的物品，常反映內心的想法

人們投射在物品上的價值，會以不傷人的方式呈現出來。這都是因為我們不是採取待人的態度，而是以對待物品的態度來面對。我們不需要理解他人的立場、吸收他人的情緒，而是能夠單純挑選自己想要交流的價值並與其對話，自私卻無害。

我很愛穿某一雙運動鞋，如果有機會讓我認識設計者，我說不定會意外發現他的個性很糟糕。但這名個性糟糕的人，透過物品帶給我的舒適與時髦，卻讓我每次穿上那雙運動鞋時都感到愉快無比。這讓我感覺，我跟該設計者之間透過運動鞋，能針對彼此想獲得、想傳達的價值進行對話。

書籍等知識型商品自然也不例外。每當我走入人生的死巷，總能遇見帶給我救贖的書。我曾多次因為被書感動而開始追蹤作者的生平，最後卻很失望。我發現，創作者本人與他寄託在商品裡的部分自我，絕不可能完全相同。

所以購買一件物品，是在單純抽取並吸收自己所需的感性。這也是為什麼我們只有在入手心愛的物品時，才感覺得到安慰。在這個唯物論的時代，欲望的對象就是一件能握在手裡的東西。但只用這件東西說明購物的價值，似乎總會讓人感到不夠完美。

「買什麼都好」的人，戀愛時也會如此

我跟一名熟識的後輩約在市區見面，要一起去看電影。距離電影開演還有不少時間，我們便決定到附近的購物中心逛逛。我們各自逛完生活用品區後在賣場入口碰面，當時我嚇了一大跳。因為她購物籃裡的商品堆得像山一樣高。仔細一看，裝在籃子裡的東西大多不是生活必需品，很多商品都是因為可愛才買，但很快就會淪落到不知該怎麼處理才好的尷尬境地。

她看見我震驚的神情，似乎也有點猶豫是否真的要直接拿著整

籃商品去結帳。她一直拿起商品來問我「要不要買」，然後又說自己好像太衝動購物了，頻頻希望我能勸說她。雖然當時的我已經不像以前那樣，會輕易干涉他人的生活，但我最後還是說了一句：「聽說女人都會用買東西的態度來挑男人。妳想清楚。」

她面無血色地盯著我看了一會兒，才將購物籃裡的商品全部物歸原位。

人的喜好很多元、沒有好壞之分，挑選物品的方式也沒有對錯。但就選擇的態度與方式來說，無論是在挑選物品，還是在選擇伴侶、職業等較重要的事情上，都會帶來相同程度的影響，那會怎麼樣呢？

事實上，那些平常嫌棄購物麻煩，動不動就買高價物品的人，極有可能會突然墜入情網；而喜歡購物，經常買些沒用且便宜的小東西的人，則容易「為了戀愛而戀愛」。**一個人花錢時如果不帶任何意識，則可能會談一場凡事聽從情人或周遭親友意見，沒有任何**

自我的戀愛。

每樣東西都要精挑細選，選不到滿意而寧願不買的人，則很有可能乾脆不談戀愛，或是一旦戀愛就會堅持到底。

人們減少用於思考的精力，是為了在緊急情況下存活，這時人類會進行所謂的自動思考。自動思考會使人透過經驗、對事件的詮釋與實踐，創造一定的行為模式，並在類似的情況下自動反應、自動做出決定。

所以，我們通常會做出方便的選擇，而不是最好的選擇。面對重要大事件時，人們總相信自己會打起十二萬分的精神，花費時間與精力認真思考，但其實並非如此。因為即使是面對重大的決定，影響我們的仍是那些小選擇所堆疊出來的行為模式。

透過購物練習分類，找出真正想要的

凡事皆如此，所以選擇的態度會把小事與大事相互連結在一起。疏忽小小的選擇，便也會疏忽重大的選擇，反過來也一樣。我們在思緒混雜時所挑選的物品，常常會讓人在事後覺得不順眼。所以說，當你處在想也不想就亂買的時期，那可千萬別輕易開始戀愛。

在那段我最想改變自己的時期，購物是能讓我檢視並改變自我的明鏡。這裡所說的購物，可不是只有購買眼睛可見的物品，也包括購買學習、外食、旅行等經驗。由於當時我手中擁有的資源並不多，更讓我覺得我必須掌控這些資源，在自己能力所及的範圍內使自己進步，才會讓我有一種不斷精進的感覺。

當你決定只讓自己真正想要的東西進入人生時，會不斷詢問自己究竟想要什麼。當這個問題與具體的狀況結合，獲得的答案便能讓人生產生許多改變。

確實，跟那個把「隨便都好」掛在嘴邊的時期相比，我覺得現在的自己，的確有了更多能掌控每一天的能力。有了這樣的能力後，便有餘力去選擇更好的人生。**購物是練習選擇態度最簡單也最安全的方法**，就算在購物時選擇失敗也沒關係，透過退貨、二手出清、轉讓等方式，練習讓自己能夠承受一點小損失才是最重要的。熟悉這些練習後，當你面臨需要選擇的情況時，就能擺脫逃避或便宜行事的習慣。

所以，如果想選擇一段好姻緣，你連一捲衛生紙都要好好抉擇。

TIP

你屬於哪一種購物類型？

衝動型

會對不在規劃內的物品產生欲望，並且輕易地實踐這購物衝動。如果你總是重複購買自己已經有的物品，請認真思考改變自己的購物習慣。

嫌惡型

對商品沒有興趣，覺得購物很麻煩。優點是不會花費太多時間與精力在購物上，但會定期發生雖然平時不太花錢，某天卻突然花大錢買一些沒用的物品。

合理型

抓出一筆購物預算，並在預算內盡可能為滿足自己而購物。此類型有

兩種人，分別是會挑選高ＣＰ值、頻繁購物者，以及每次購物只專注挑選一、兩項好商品，剩餘時間都不會花錢購物者。

吝嗇鬼型

為了維持生計，只做最低限度的購物，屬於節約消費的類型。可以靠儲蓄累積一點財富，是個不錯的優點，但長期維持這種消費習慣，容易產生人際關係跟生活圈都一起縮小的缺點。

冷漠型

屬於潛意識中根本沒有購物概念的人。只會把錢花在周遭的人身上的殉教者型、除了喝酒和跟好友見面之外，幾乎不會消費的遊樂型，以及由家人等自己以外的他人幫忙購物的委託型，都屬於這一類。

這些購物態度經過一定的時間之後都會改變，也可能同時一起出現。

「態度」比金錢更能決定別人怎麼看你

當你感覺對方的衣著穿搭很好看時，最實際的稱讚是什麼呢？在我看來，就是「很貴氣」。

「好帥」、「很大方」這些詞，聽起來都像是要在穿搭中有特定的亮眼元素，才有可能說得出來。而對那些很在意外貌的人來說，這些話可能只是一種禮貌性的稱讚。至於「很貴氣」這句話，聽起來似乎有些敷衍，卻又隱含著某種程度的真心。因為我認為，當我更想強調一個人有能力駕馭一切元素，而不是想特別稱讚衣服、配件或妝容時，這就是最適當的表現。

有別於少數人的誤解，我認為貴氣的風格並不是模仿有錢人，更應該看成是一種穿衣形式。那些穿著名牌的有錢人，確實也很少聽見別人稱讚他們的穿著很貴氣。我認為看不出任何華麗裝扮的痕跡，卻又隱約有點高級，就可以稱為是貴氣，但這不是一種明確的穿衣型態。所以人們經常會問：「那個人為什麼看起來很貴氣？」

我一直以來都對汽車沒有興趣，完全不懂怎麼看名車的標誌，所以我分辨昂貴名車的標準只有一個：一排停在路旁的車當中，特別乾淨閃亮的那一輛，就有很高的機率是輛昂貴名車。因為我認為高級車款本身就會發光，所以一直以來都堅持這個自認挺有邏輯的想法。好久以後我才知道，越是昂貴的車，車主或司機越會認真洗車，所以車子才會如此閃閃發亮。**我認為比起價格，一件物品是否貴氣，或許與是否有好好管理及保養有更深的連結。**

貴氣這個詞，其實是源自於「富」這個字，在達到富有的狀態下，人就不會將特定的物品視為欲望投射的對象，而是會「自然地去使用」好東西。好比說一個人無論穿得再怎麼昂貴，但他若表現出對身上的高價品沾沾自喜的模樣，那就不會散發貴氣。如果一個人願意花錢保養物品，也願意在日常生活中使用那件物品，我們便會在不知不覺中，從他身上感覺到貴氣。

若想要讓自己看起來很貴氣，首先會想到高級的黑色大衣。一件使用高比例喀什米爾羊毛的光滑黑色大衣，確實會讓人想到毛色發亮的種馬。但在我看來，衣料好的亮色系大衣反而更能展現貴氣。

一個人要是能輕鬆駕馭白色或象牙色外套等怕髒的單品，那即使不特別打扮，也能散發貴氣。他們不會計較一次要價幾萬韓元的送洗費，且同時擁有好幾件能在冬天穿的外套，光是這兩點，就能讓我們看出這個人在管理物品上的從容。

決定衣服是否貴氣的最大的關鍵在於「材質」。比起聚酯纖維或壓克力等合成纖維，羊毛或蠶絲等成分含量越高，材質就越高級。這些材質散發出的貴氣，即使不懂布料也能直覺感受出來。不過這一類的高級，其實也大多受到穿衣之人的態度或當下情況的影響。

穿上以百分之百絲質或羊毛製成的衣服，光是呼吸就會讓衣服產生皺褶。這樣的衣服穿一整天下來，精心打扮營造出的俐落與幹練，肯定會消失殆盡。而且這些衣服相當脆弱，一個小摩擦或是一點壓力，就可能出現刮痕或裂縫，再加上這些衣服無法水洗，頻繁的乾洗會傷害材質，且吸收身上的汗水也對衣服不好。

不過我想，也許高級衣料所散發出的貴氣，就是來自於這種非日常性也說不定。這也可以說是不需要為生計煩惱、不需要勞動，只需要養尊處優的古代貴族所留下的印象。如果說貴氣的形象，是源自於管理保養與非日常性所帶給人的印象，那也許要營造貴氣形象，就不一定要花錢才能做到。

例如襯衫先熨燙再穿、將衣袖領口的毛球去除乾淨、好好清洗衣服、注意自己的體味等行為所營造出的形象，都比購買名牌服飾要更接近所謂的貴氣。最有趣的是，我們經常能從不同的狀況中發現，**無論一個人的穿搭風格為何、是否走在時尚尖端，「態度」才是比金錢更能影響一個人貴氣與否的條件**。

自信來自於從容不迫，而不是華麗的打扮

我曾經看過一個穿搭總是廣受好評、很貴氣的朋友，明明已經提早一小時到了約定地點附近，卻還是配合約定時間才走進約定場所。更讓我驚訝的是，他這麼做並不是因為那天他的時間安排出了問題，而是他本來就是個赴約時會提早到的人。

「我跟人約見面時，真的很不喜歡汗流浹背、氣喘吁吁地匆忙抵達現場。」

聽了他的話之後我才發現，我似乎從來沒見過他倉促或匆忙抵達約定地點的模樣。那一刻，我清楚明白為何他雖然不是一般人想像中穿著昂貴、有超凡時尚感的人，卻還是能給人貴氣的形象。

總的來說，我認為從許多層面來看，能散發貴氣的最佳配件就是「從容」。當你用自己的方法展現從容不迫的態度時，人們就會歪著頭想：「那個人為什麼看起來如此貴氣？」

「香水」反映一個人的喜好

無論是看的還是吃的，我覺得只要十個人之中有七個人說喜歡那樣物品，那我十之八九也會喜歡。我的喜好通常會跟大眾一致，所以我透過查閱網路評價買下的東西，也比較不容易失敗。但在我長久的購物閱歷之中，還是有一個用這種方法完全行不通的物品，那就是香水。

香水原本不存在於我的生活中。我很確定自己信奉「最好的香味就是沒有香味」原則，對想為生活添加人工香味的需求，無法產生任何共鳴。但就在我被意外地失眠困擾的那段時期，我開始對香水產生興趣。

當時有一些小事讓我總是睡不好覺，其中之一就是各種不同的臭味。像是陽台水管的臭味、加班回來沒洗澡就倒頭大睡的同居人腳臭味、浴室抽風機飄出來的菸味……。

那些在白天活動時被我屏除在意識之外的臭味，只要一躺上床，便會立刻刺激我的鼻尖，嚴重影響睡眠。這時我便想起香水，而用香水除臭這方法也算有效。把喜歡的香水噴在自己身上或枕頭上，意識就能專注在香味上，讓我絲毫感覺不到其他惡臭。

後來我才知道，清潔用品或化妝品標榜的「無香味」，其實是添加了一些香料中和原始材料所發出的臭味。所以我讓自己聞到香味以中和臭味刺激的做法，其實還是挺有道理的。

剛開始買香水時，我手足無措，不明白為何世上會有如此不客觀的物品存在。人對任何物品都會有喜好之分，無論是什麼品項，都可能有人喜歡、有人不喜歡。有些商品總能在折扣優惠時，很快銷售一空，但其他我認為十分怪異的商品，也還是能找到喜歡它們的使用者。例如在我眼中跟一般橡膠鞋無異的平底鞋，穿在某些人腳上看起來就像芭蕾舞者般輕盈；我這輩子都不可能會穿的骷髏圖案T恤，穿在別人身上也別有一番觀賞的樂趣。大多數的物品，通常都能讓我維持中立角度去認同一個人的喜好。

可是若談到香水，會讓我們過度合理化自己的喜好。聞到不喜歡的味道，我們會驚訝地想「怎麼會有人喜歡這種東西？」而我們喜歡的香味若刺激到別人，對方也可能會想「有鼻子的人都不會喜歡這種香味」。

尊重他人的喜好，如同選香水

如果你喜歡設計獨特的物品或味道強烈的食物，那應該多少知道自己的喜好算是相當獨特，但唯有香水會讓人毫無感覺。自從聽說瑪麗蓮·夢露連穿睡衣都會噴某款香水的故事之後，那款知名香水對我來說不僅一點魅力也沒有，甚至還會令我頭暈。無論再昂貴、知名的香水，只要不符合個人喜好，那就不過是一瓶惡臭濃縮液罷了。這也是為什麼我們經常能看到上班族訴苦，覺得辦公室同事噴的香水太濃郁，讓他們很困擾。

有趣的是，會讓人有「味道真好聞，是什麼香水」反應的香水，大多是中低價的品項。能贏得多數好感的香水，通常會散發人們熟悉且輕盈的香味，大多是肥皂味或洗髮精味。諷刺的是，真正喜歡香水的人，通常不會滿足於這種香味。

我認為香水帶有的這種性質，與人的政治觀、宗教觀等價值觀相似。即使是在特定狀況下，能冷靜整理許多「有立場差異」意見的人，在政治或宗教問題上，聽見與自己立場相對的發言，也會產生一股難以溝通的距離感。與其說這是意識型態的驗證，這種抗拒更像是一種下意識的反射作用。

面對這樣的對象，與其嘗試說服對方接受、理解自己的價值觀，還不如停留在彼此有共識的領域就好。就像香水一樣。知道對方討厭怎樣的香水，那在跟對方見面時，就不要噴那款香水。當對方也會採取這樣的做法時，再讓對方進入自己的生活圈就好。

噴完香水過了一段時間，等待香氣揮發，留下隱約的殘香後，任何香味都會變得很好聞。那種不是為了刺激嗅覺，而是在自己想聞時才會聞到的香氣，會對人產生一種異樣的魅力。

要讓自己渾身散發強烈的香味，跟有相同喜好的少數人一起生活；還是要帶著人人都能理解的無害香味生活；或是帶著低調沉穩的香氣生活，都是個人的選擇。**無論是面對人生，還是面對香水，都一樣取決於個人選擇**。

我們唯一能確定的是，如果不知道對方的喜好，送香水當禮物可不是明智的選擇。

買禮物時，心意比價格重要

「你想收到怎樣的禮物？」

以這類問題為主的統計或調查，爭搶第一、二名的通常都是現金或禮券。因為要收到能讓自己非常滿意的禮物，其實就像中樂透一樣困難。即使是幫自己買東西，也經常逛了一圈仍找不到滿意的物品，最後空手而歸。連我自己都這樣了，別人要猜中我喜好的機率又會有多少呢？

不過在特定情況下，我們還是會需要以物品，而不是以現金或商品券當作禮物。因為比起物品本身的價值，收送禮物時產生的情感更加重要。

例如逢年過節，我們經常能看見街上有不少上班族提著各種禮盒。雖然那些禮盒的體積很大，而且從包裝就能看出是別人贈送的禮物，內容物卻一點也不稀奇。大多是洗髮精或肥皂等生活用品，再不然就是沙拉油、鮪魚罐頭等料理食材。也鮮少有上班族會因為收到這些禮盒而開心得不得了，對公司的體恤感恩戴德。

話雖如此，收到這些禮盒的人所感受到的喜悅，若用金錢來衡量，可能會比這些禮盒的原價多兩至三萬韓元（編按：一萬韓元約新台幣兩百三十八元，讀者可自行換算書中金額）。那是一種連假即將到來，可以提著明確的收穫回到家的感覺。如果想用現金帶給人這種滿足感，那就得花費更多金錢（情緒的價值或許是兩萬韓元，但換算成現金可能會讓人感到不滿）。

現在我也開始認為，要求別人送禮要送到心坎裡，實在是過分的要求。我認為收送禮物，其實是一種「經驗」的贈送。我們享受想著對方並準備禮物的過程，而對方也能理解並接受這點，這樣就能算是送禮成功。

不久之前，「送沒用的禮物活動」曾經掀起小小的風潮。大家會事先約好，盡可能準備沒用的禮物到聚會上交換。我曾看過有人在聖誕節舉辦上述的交換禮物派對，禮物品項有黑色假髮、玩具魔法棒、奇怪的內衣等稀奇古怪的東西。

禮物一個個拆開時，所有人開懷大笑的表情都被照片記錄下來，這些東西確實也盡到了它們的責任。不過我覺得這些沒用的東西，作為禮物的價值，或許還高過那些不合收禮者喜好的一般物品。反正這些東西大多時候都派不上用場，不如就乾脆讓它一無是處，至少還能在適當的時候拿出來取悅大家。

若考慮到禮物講究的並非是實用性，而是一種經驗的再建構，或許就能幫助我們選到更好的禮物。簡單來說，送價值十萬韓元的襪子，比送等值的衣服更好。十萬韓元的衣服算是中低價位，通常品質不會太好，如果不符對方的喜好，還可能會讓人不知該如何處理。相反地，十萬韓元的襪子是一件我自己不會去買的物品，擁有這項物品本身就是新鮮的體驗。真的不行還可以轉送給別人，或是拿去二手市場賣掉。

你選的禮物，代表你的想法

當收禮的人喜好不明確時，很多人會認為送食物最安全，而這時我們又會選擇那些不會特地買給自己的商品。例如幾顆就要價上萬韓元的大草莓，或是一、兩口就能吃完的數萬韓元甜點等等。這些禮物都會讓人脫口而出「幹嘛買這麼貴的東西？」所以在購物時，禮物是我們必須忘記「性價比」才能真正買對東西的品項。

從同樣的意義、同樣的脈絡來看，我們在買小禮物時，最好選擇同品項中較昂貴的商品。有些人參加喬遷宴時，會購買最便宜的捲筒衛生紙，卻不知道從這種小地方，就能推測出他們對人的態度（編按：在韓國喬遷時會送捲筒衛生紙，除了實用，也因可拉出來的寓意，有祝福對方能一直順利走下去的美意）。

有時候買禮物可以是一種替代性的滿足。對雖然喜歡購物，卻吝於輕易讓任何物品進入私人空間的我來說，禮物反倒不會讓我感到困擾。想著收禮的人、想像對方收到從未有過的體驗也是一種樂趣。觀賞那些在日常生活中可說是奢侈的物品，了解物品背後的故事或價值，也是一種樂趣。

從這些角度來看，禮物不僅能讓收禮者幸福，也能帶來幸福。

不需要的東西，折扣再多也不買

戀愛這份情緒絕對不甜蜜。在一段戀情之中，無論是什麼狀況都必須考慮對方的存在，為了拉近跟對方的距離，就必須付出非理性的代價。擁有對方之前的痛苦，以及擁有之後的短暫喜悅一再反覆，這與我們常說的幸福其實相距甚遠。但那短暫卻瘋狂的時期所產生的強烈情感，會以回憶的型態留存，讓我們能平靜度過大多數的剩餘人生。

當我熟悉的戀愛對象成為家人，感情進入平穩狀態後，便不曾再體會過被快樂荷爾蒙操控自律神經系統的狀態。直到我認識超特價拍賣為止。

有段時間，社會上曾經頻繁出現真正的「家庭特賣」（Family Sale）。如字面意義所述，是廠商的員工與他們的家人才能獲得邀請函，前去會場消費的一種非公開拍賣會。某天，我跟著有邀請函的朋友一起進入會場，發現那裡真是別有洞天。平時看到價格會嚇到發抖的名牌商品，竟然掛著一至兩折的超低折扣價，商品還堆得像山一樣多。

很多商品在進到暢貨中心之前，都會先以員工福利的形式出售，其中有不少堪用的物品。當我在會場裡穿梭，像尋寶一樣找出滿意的物品時，我感覺有一股令自己心跳加速的力量湧現，讓當下的我獲得一股難以言喻的專注力。

在朋友之間以體力差出名的我，竟然連續三、四個小時沒有休息也不覺得累。當我手裡提著戰利品，得意洋洋地回家時，甜美的疲憊與絲毫不停歇的悸動，看在我眼裡都是粉紅色，就像陷入熱戀一樣美好。

但就如同愛意會隨著時間消退一樣，家庭特賣的優點很快也開始消失。因為消息傳了開來，拍賣會場變得人馬雜沓，可用物品漸漸變少，近來已經成了一般折扣拍賣的代名詞。

之後令我心動的超特價拍賣仍不時以不同型態出現。在服飾業者的第三級暢貨中心（暢貨中心中價格最低廉的一種）最為興盛的時期，我也漸漸不再對購物心動。以「路邊撿來的」價格買下衣服的快感、出國時到購物聖地大血拼、到免稅店購物，去旅行順便到免稅店撿便宜的體驗，還有海外直購，直接在美國黑色星期五大打折時，透過電腦螢幕大肆採購的回憶，都成了令我悸動的曾經。

不再因特價而買下不需要的物品

我之所以能讓購物的回憶成為悸動的過往，是因為我已經不再會因為特價拍賣，就把那些可能變成垃圾的物品買回家。不管折扣再怎麼低，我也很少買超過三件。**如果沒有喜歡的東西，那我會乾脆選擇空手而歸。**

對真的很愛購物的人來說，到拍賣會場挑選商品就像運動。購物時找到的好商品，就像能刺激腎上腺素的冠軍獎盃，而尋找的過程也別具意義。在只要十秒就能一眼看完的百貨公司新品區，根本無法帶來這樣的刺激感。

以超低機率「發現」的物品，比在平靜的環境下，以一般價格購買的物品更能讓我開心。每當穿出去或拿出去使用時，我都會回想起找到這項商品時的悸動，就像回想起談戀愛時，情人之間最具紀念性的時刻。

現在，我已經不會再懷抱悸動的心情去拍賣會場了。在零接觸形式開始盛行之前，特賣會現場便已不再對我具有任何吸引力。隨著線上銷售平台增多，削價競爭也越來越激烈，現在我通常是透過網路尋找最低價的商品購買。只要有耐心，隨時都能有定期特價或優惠券大放送等機會，讓我們可以買得比平時更便宜。

這幾年，我出國也不太會買東西了。現在代購業者的價格，經常比直接在當地購買更便宜。就算價格真的有差，也沒有大到能抵銷我親自拿著行李箱、提著這些物品，忍受旅途舟車勞頓的辛苦。基於同樣的原因，我現在也很少直接從海外買東西。

最重要的是，現在喜歡購物的人，已經不太會迷信名牌了。隨著物品的品質提升，我們通常可以依照價格推測品質，所以物品本身的質感反而變得比品牌更重要。除了部分品牌之外，光是靠品牌大特價就能讓人不由分說，買到殺紅眼的時代已經過去。

從「曾經有過但現在沒有」的角度來看，超特價拍賣帶給我的感受，確實跟戀愛的悸動一樣。

鞋子代表一個人

坐在地鐵車廂或醫院休息室時，我的目光經常不自覺停在對面的人的腳上。這時我會只看著鞋子想像這個人的形象，然後再抬眼看看對方的模樣，這有點像我一個人的遊戲。有趣的是，在這種情況下，我的預測幾乎沒有出錯。

我們總在著裝完畢之後、離開家前，才會穿上鞋子，那是一般人日常生活中鮮少注意到，很容易疏忽的部分，但我經常能感覺到鞋子會發揮隱形的力量。

在家中挑選衣服穿搭時，若是赤腳站在全身鏡前，會無法掌握穿上鞋子之後的感覺。但如果穿上鞋子再來搭，便會發現鏡中好像換了一個人、換了一套衣服，這也是為什麼百貨公司服飾賣場的更衣室，一定會照到鞋子。

越了解越發現，鞋子是項狡詐的單品。跟人碰面時，我們或許鮮少注意別人穿了怎樣的一雙鞋，鞋子卻會若有似無地改變整個人的形象、決定一個人的印象。如果說衣服、包包屬於有意識的領域，那麼鞋子的視覺作用，就會深入他人的潛意識。

隨著鞋子的不同，一個人可能看起來老十歲或年輕十歲、可能讓人感覺好溝通或很固執，這與鞋子多貴、來自多知名的品牌完全無關。

在實用性與美觀性這兩個條件下，鞋子的選擇可說是無比複雜。在不需要太講究活動性的場合，較笨重累贅的衣服或包包或許還能夠忍受，但穿上一雙不合適的鞋，卻會讓人連一個小時都撐不過去。與此同時，鞋子還會與一個人的穿搭產生共鳴，讓整體形象產生巨大差異。

在非常舒適與非常不舒適之間，可分為許多層級，**隨著你選擇鞋子時在乎的條件，會影響你展現出來的形象、你想給人的印象。這也是為什麼我會說，「鞋子」可說是整體形象的縮影。**

有些人會說穿西裝配運動鞋，是因為想要追求舒適感，但這可是天大的誤會。真正只追求舒適感的人，平時根本不會穿西裝，在必須穿西裝的場合他們會穿上皮鞋。而他們所選擇的皮鞋，不會是硬挺尖頭的牛皮鞋，而會是鞋頭粗短的人工皮革鞋。

不過，並非運動鞋就一定很舒適。專為時尚設計的運動鞋，許多都是以設計為優先考量，所以若因為那是運動鞋就隨意穿上，很可能會讓你得到足底筋膜炎。穿上看起來休閒，實際上不舒服的運動鞋，或徒具皮鞋形式，但其實很舒適的皮鞋，以及只穿舒適運動鞋的三種人，他們之間本身就有很大的差異。

穿出去的鞋子，其實大有學問

我是個絲毫無法忍受不適，卻又很在意鞋子魅力的人，但實際上我自己穿過的鞋子，都無法同時兼具這些優點。必須特別打扮的日子，我會帶著高跟鞋出門，如果稍微需要走一點路，我會立刻換上運動品牌的運動鞋。不太適合穿運動鞋的穿著，我則會選擇高跟涼鞋或露趾鞋等，也會挑選不會過度包覆腳掌的皮鞋，或是可以穩定支撐腳踝的踝靴。

但在這麼有限的選擇當中，我會以幾近本能的方式，避免選擇不適合下半身服飾的鞋子。鞋子所代表的時尚，可不只是單指鞋子本身，更包括了下半身的服飾與鞋子的組合。即便是相同設計的衣服和鞋子，隨著會以什麼模樣覆蓋到腳踝的哪個部分，所呈現出的感覺便會截然不同。那正是所謂的「流行」，所以鞋子跟褲子會隨著流行改變。

人們認為絕對不會再流行的過膝長靴，之所以逐漸從街頭消失，也是因為能夠搭配該長靴的服飾已經退流行所致。我們通常能在這樣一點意外的小地方，分辨打扮俐落時髦的人及對時尚有些遲鈍的人。

從同樣的脈絡來看，如果一個非常謹慎的人想不受年紀與形象的限制，隨時跟上最新流行，那就先選擇最近流行的鞋子，下半身再搭上合適的服飾即可。

仔細觀察街頭那些因為年紀相仿而在一起的人，會發現無論哪個年齡層，他們都會穿著類似的鞋子，我們甚至能經常看見他們穿著一樣的鞋。在共享自我認同的親密團體中，選擇類似的鞋子並不是一件奇怪的事。

如果你初次遇見一個人就看中他的鞋子，那你或許也會很喜歡那個人也說不定。

為何花錢買食物，會比買衣服更大方？

我常逛的購物網站舉辦盛大折扣活動時，在折扣推薦清單中，出現了符合我喜好的居家服飾圖片，於是我點了進去。

「折扣下來也要三萬韓元？在家裡穿的褲子還要這個價錢，真讓人猶豫……。」

但因為我還是很喜歡，所以看了那條褲子很久，最後因為褲子沒有口袋而作罷。在不太滿意價格的時候，就會無法對不符標準的條件做出讓步。正當我感覺到自己成功避免非必要購物時，我發現一套知名烤肉組合正在特價出售。

「喔，三萬韓元，好便宜！」我花不到十秒的時間就完成結帳。

我發現即使價格相仿，但購買衣服或其他物品時，我們總會猶豫再三，最後甚至放棄不買，反倒是買食物時會果斷許多。仔細想想，我也經常穿著價格便宜的衣服去餐廳吃飯，衣服的價格甚至還不到那頓飯的一半。為什麼我會成為一個不吝於花錢享用美食的人呢？

剛開始賺錢有經濟能力時，我最吝於花錢在食物上。因為我認為既然要拿有限的金錢去換，那必須是要讓我能實際擁有的物品。擁有的概念暗示恆久性，成了證明「我的投資沒有蒸發」的證據。

但現在我覺得自己也是基於相同原因，更敢於花錢在食物上。「物品」的價值取決於擁有之後能使用多久，食物卻只要在享用時能讓人感到幸福就好。食物跟時間一樣，擁有會消滅的性質，讓我感到滿足。不留下任何痕跡，讓我感覺自己花出去的每一分錢都物盡其用。如果想藉由食物以外的物品獲得同樣的感受，就必須更加慎重。因為那些能讓我每天且永遠觀看的物品，無法保障能帶給我同樣的幸福感。

有時消費買下的是美好經驗，而非物品

檢視我深思熟慮超過五萬遍後才刷卡的消費足跡，「經驗消費」後悔的次數，比「物質消費」要少許多。雖然我不記得自己十年前買了什麼衣服，卻會清楚記得去哪裡旅行、吃了什麼東西。只要我的認知狀況平安健康，這些回憶就會一直留存下來，成為我人生的資產。如果想用這種方式回憶任何物品，那就必須讓物品與各種形式的經驗結合。可惜的是，基於這種需求所能購買的物品，就只有旅行紀念品而已。

我認為在旅行地點所做的購物，也是一種經驗，所以我會刻意安排時間到當地市場或大型超市，這種時候通常都是買食物。從旅途中歸來後，我會用好幾天的時間享用這些戰利品，延長旅行所帶來的非日常體驗。相較之下，紀念品只要放入收納櫃裡，就很容易成為讓人徹底遺忘的拋棄式物件。

我認為要永久保存旅行，只需要照片就夠了。

如今的環境，讓我們能以訂閱的形式擁有物品，就連物質消費也逐漸貼近經驗消費。到了現在，消費「現在」這件事，成了最貼近現代文明的潮流。

我們以獨立的個體存在的同時，透過商品獲得快樂，並避免給共同體或自然帶來危害。這種能不留痕跡的消費形式，或許就是現代消費者的樣貌。雖然這個模式看似與個人沒有太大的關聯性，個人卻會逐漸被潮流所同化。而較快能適應潮流的人，或許就能搶先阻止更多的浪費。

今天我也選擇不買裙子與項鍊，而是以購買西班牙傳統大蒜蝦的食材，確認自己的現代性。

你還在使用皮夾嗎？

每個人所關心的事物，都會隨著時代而改變，我也一樣。

我曾經非常關注皮夾。皮夾是個常引起人們注意的物品，我們經常在結帳時掏出來，拿在手上或放在桌子上，短暫出門一趟時也會直接拿在手上。當我意識到這件事之後，我便會盡量選擇高品質的漂亮皮夾，來表現我的喜好。我們一天需要開關皮夾數十次，有時甚至一整天都要把它拿在手上，所以如果能選到材質好的皮夾，那更是再好不過。

當時那個被身分證、信用卡、借書證、公寓門禁卡撐得胖嘟嘟的皮夾，幾乎就代表了我。或許是因為皮夾等同於我，所以即便我是出了名的健忘，出門時仍然不曾忘記帶皮夾。

我只弄丟過皮夾兩次。一次是在歐洲，被強迫推銷我買花的吉普賽人，用刀子劃破背包後將皮夾拿走，另一次則是在醫院被雙人組的專業扒手摸走。這種狀況，會讓我短暫陷入無力的狀態，但隨即又因為必須去買新皮夾，而帶著滿心的期待前往購物。

長大後帶出門的皮夾，通常都是我能拿在手裡的短夾。不過我也曾經在某本書上，看過紙鈔不要摺疊，所以建議大家盡量使用長夾的內容。提出建議的人認為，**人會下意識地將自己喜歡、珍惜的對象留在身邊，而錢也是一樣，所以我們應該好好珍惜紙鈔**。他甚至補充，自己真的曾經見過珍惜紙鈔、不摺疊紙鈔的人，而那個人也真的吸引了不少財富。

起初我只當成是有趣的論點，並沒有太放在心上，但不知從何時起，每次把皮夾對折總讓我很在意，感覺好像在虐待皮夾中的紙鈔。不知這種感覺，是憐憫這些用以交換我人生碎片的鈔票，還是潛意識想叫我買新皮夾所變的把戲。總之，我當下的心情確實難以言喻。

最後，我終於也買了一個本以為這輩子都不會入手的大長夾。安穩躺在新洋紅色長夾中的紙鈔，才終於讓我覺得看起來舒適許多，也能盡情將想帶出門的卡片插在皮夾內了。只是那時我從沒想過，那竟會是我人生中的最後一個皮夾。

如今皮夾卡槽裡，那些卡片所代表的功能，皆已陸續轉移到智慧型手機上，原本胖嘟嘟的皮夾越來越消瘦。很快地，我們進入即使外出一整天都不帶皮夾，也絲毫不會感到任何不便的世界。某次，我久違地帶了皮夾，並打算以現金結帳，應該要找我兩萬韓元的店員，竟露出慌張的神色並愣了幾秒。仔細一看，才發現我拿出的紙鈔不是五萬韓元，而是五千韓元。

我趕緊道歉並換了張紙鈔。我雖然沒有太把這件事放心上，但也感覺到如果是以前，自己肯定不會犯這種錯。由於太久沒看到現金，我已經失去對紙鈔的感覺。雖然同是黃色系，但五千韓元與五萬韓元是完全不同的顏色、不同的大小，只看一小部分的設計也能看出不同之處。過去熟悉紙鈔的我，能在瞬間區分兩者，如今這種敏銳的感覺卻變得無比遲鈍。瞬間，我心中浮現難以言喻的感受，那種感受既非負面，卻也非正面，只覺得一個巨大的時代正在離去。

當現金逐漸被電子支付取代

現在，紙鈔成了包禮金或奠儀時會短暫碰觸的對象。我的資產成了銀行應用程式裡的數字，皮夾淪落為保管少量緊急備用現金與各種實體卡片的物品，在抽屜裡靜靜沉睡。偶爾看到皮夾時，我都會回想起整天帶著這傢伙到處跑的過去。和容易隨著流行興起、需要跟衣服搭配的包包不同，皮夾很少換新，上頭沾滿了我觸摸的痕跡，跟著我一起變老。

當然，要把皮夾當成是上個時代的遺物似乎還太早，如今仍有許多地方在販售皮夾，也有不少人仍會拿著它出門。只是，我的皮夾已經被如同體外臟器般重要的智慧型手機吸收，我也知道自己無法再回到過去。就像曾經一起創造美好的回憶，卻無法再共同走向未來的舊情人一樣。

或許皮夾很快會像轉盤電話或ＶＨＳ錄影帶播放器一樣，從我們的日常生活中消失，並在數十年後成為復古電影中用來緬懷的道具。不過，到了那個時候，電影這種影像消費形式還會存在嗎？

TIP

想改變人生？不妨從改變購物觀開始

什麼東西能改變只有一次的人生？當然是幾年前買的烘衣機。我本來不懂，烘衣機跟自己把衣服晾在陽台有什麼不同，但實際用過之後才知道，雖然家裡多了一台電器，生活卻變得簡單許多。

說到烘衣機的優點，人們大多會列舉如下：能減少衣服沾附的灰塵、梅雨季時，衣服不會晾不乾等，不過我覺得烘衣機最大的優點是——讓人生變得更簡單。

像是，減少被棉被占據的空間。棉被洗好的那天，只要放進烘衣機烘乾，晚上就能立刻再拿來蓋，因此不需要準備多的棉被。同樣地，睡衣、運動服、毛巾這些每天要穿、要用的物品，也都能因此減量。所

以現在我用烘衣機時，心情都會很好。

另一樣東西是無線的產品。原本我不太信任這類產品，因為無線產品大多不好用且容易壞掉。但隨著我的物品一一換成無線後，我才發現電池技術發展的速度，遠比我預期的要快許多。吸塵器、耳機、喇叭、鍵盤、按摩機……過去那些認為不需要特地換成無線的物品，換了之後才發現竟比想像中要好用很多。藍芽萬歲！

如果有機會改變我的人生，從購物開始，似乎是不錯的選擇。

第二部

2

挑選適合的，不盲從跟買

我開始能真心捨棄那些不適合自己的物品，
也能選擇某些雖不太適合，
卻仍有特定部分貼近我喜好的物品。
這種似乎在喜好與適合之間
找到微妙平衡的做法，
讓我覺得自己有所成長。

挑選適合自己的，也是一種品味

剛開始對購物產生興趣時，我很自然地注意到「品牌」。品牌有以一個名字建立認同、累積信賴的信任感，還有廣告模特兒等看似有模有樣的人，將其品牌認同以形象化展現出來，帶領人們認識品牌。

我很討厭在購物上失敗，總是一定要親眼看到知名品牌的商品才會購買，以降低風險。不過不知為何，無論我做再多準備，買來的東西都還是無法完全滿足我的期待。不管買什麼都讓我覺得，我根本無法模仿自己身邊的那些人。

身為路痴的我，偶爾會在熟悉的地方迷路，當下所感受到的荒謬，就和購物時的感覺差不多。我總覺得好像只有我，根本沒有配備別人天生就有的能力。擁有「描繪品味能力」的人，就跟擁有「描繪美味能力」的大長今一樣。我想問他們：「我知道你身上的穿搭要去哪裡買，但是，品味到底該去哪裡買呢？」

過了好一陣子才知道，我的問題並不只有天生的品味不足。我最大的問題在於「絕對不能購物失敗」，這是打從一開始就安裝在我個人喜好中的概念。最開始時我認為，物品的品質、用途的合理性以及價格都得滿足期待，才能算是成功的購物。但後來才知道，能同時滿足這些條件的物品，就跟獨角獸一樣難找。世上應該有這樣的物品，但它並不存在。人們手上大部分的好商品，都只具備前文所說的一、兩個條件，然後再加上個人喜好從中去挑選。

「這雖然是我喜歡的草綠色，但實在太搶眼了，還是買同款但比較能常穿的黑色吧！」

「品質這麼好竟然打三折！這雙鞋我非買不可！」

如果用上述的標準來挑選物品，最後你會無法滿足自己的任何要求。當然，以個人喜好為優先的購物，也可能會失敗。不，應該說以個人喜好為購物準則，絕對會經歷一段時間的失敗期。不過我認為，**所謂的品味就是一個人關注的事物，是一個人透過多次嘗試後獲取的資料**。所以購物時不傾聽自己的喜好，便無法讓喜好累積成珍貴的品味，也可能使你這輩子都無法享受成功購物的喜悅。

所謂的喜好，並不一定代表漂亮、美好的事物。以我來說，我有一台設計不怎麼好看的加濕器，但已經連用好幾年冬天了。待現在用的這台壞掉，如果沒有找到更好的替代品，我就打算再買一台一樣的。

一位知道我對購物很謹慎的朋友，每次看到那台加濕器，都會忍不住叫我趕快換掉。因為我總把「不想把不好看的東西擺在家裡」這句話掛在嘴邊，偏偏那台加濕器一點都不符合「好看」的標準。但矛盾的是，我之所以會執著於它，其實也是因為其符合我的喜好。原因在於，那台加濕器有獨創的輕鬆清洗功能。

我不是個會勤勞到每天花時間清理加濕器的人，所以如果需要我經常清理，無論機體再美、功能再好，都不符合我的喜好。之前我也曾基於類似的原因，而放棄家中的掃地機器人。掃地機器人是有偵測器的敏感家電，必須經常拆解清理。我覺得與其花時間清理打掃機器，不如我自己來打掃家裡還比較省力。

不知從何時起，我發現喜好並不只是高度的幹練。即便品味不見得出色，但只要你能不畏懼購物、能帶著自信做出決定，並相信自己的選擇，就能讓你看起來很帥氣。依喜好所挑選的物品，能夠突顯使用者的一貫性與個性，而那些物品也會與主人相互呼應。物品反映出的喜好，也會再影響主人。

既然我們的工作都不是選物，就不需要強調成功，懂得挑選物品，便能提升一個人的品味，簡單來說，就是給自己做出大膽選擇的勇氣。

為了買而買，還是有需求才買？

假設有兩個消費能力不相上下的人，其中一人很愛購物且經常購物；另一人平時幾乎不購物，但一買就會買許多東西。誰浪費的可能性比較高呢？或許大多數人都會投票給喜歡購物且經常購物的人。認為人會花更多錢在喜歡的事物上，這個推論很合邏輯，這樣的選擇也很合理，但其實這個情況適用於另一個理論。

即使是那些平時很少花錢、花時間購物的人，也會定期意識到自己需要好好購物，這時他們會以超乎想像的方式進行。例如購買功能好的高級設備，或是不假思索地買下穿不到幾次的昂貴服飾。他們會願意這樣花大錢購物，其實是有原因的。

在日常生活中不太購物的他們，很希望能以有效率的方式購物。既然要花錢，他們偏好買下來之後，能讓自己有段時間都不再花錢的物品，所以他們比較不在乎價格，會買那些看起來很好的東西，偏偏這種購物方式很少成功。花大錢投資的購物，竟然無法滿足自己，則會使他們再度失去購物欲望，逐漸成為購物無用論者。導致最後在購買生活必需品等消耗品時，他們會放棄思考，直接選擇當下最便宜的商品。

對這群人來說，最危險的購物形式就是「上門推銷」。雖然他們不出門購物，但偶爾遇到能購物的機會，便會毫不猶豫地隨便亂買。他們會在看電視時，偶然看見電視購物所販售的商品似乎不錯，就直接下訂三年都用不完的套裝商品；他們會在跟朋友一起逛街時，偶然走進一間小店，就在那胡亂消費；也可能只因為朋友推薦，就在未經查證的情況下，把所有推薦商品買回家。只要有一個吸引他們的因素，他們就會毫不猶豫地大手筆撒錢。

因為沒有購物經驗，所以遇到需要購物的情況時，也無法依照物品的用途，去推估消費方向和規模。

假設現在有兩個消費力相當的人，他們平日花費的額度也不相上下。除非他們事先定好儲蓄或定存的目標，以人為的方式減少消費，否則一定會想盡辦法花費到固定額度，清空帳戶。兩人最大的差異在於消費的「品質」。在同樣的額度限制下，有些人在購物完後，會滿足地認為「我賺錢就是為了享受這種感覺」；有些人會則會空虛地認為自己的錢像被偷走，並痴痴盼著下個月的薪水入帳。而有別於一般大眾的刻板印象，會感到滿足的人，通常都是喜歡購物的人。

不是不買，而是在有需求時才買

真正喜歡購物的人，關注的不是購物行為，而是購物的對象。就像戀愛看重的不是精心規劃的驚喜，而是帶著對另一半的關心、仔細傾聽他內心的聲音，購物也是同樣的道理。所以真正喜歡購物的人，絕對不會胡亂消費。

以我來說，一旦看上某件商品，在真正結帳之前，我會先去查詢該商品的屬性與來歷。就像在找事業夥伴一樣，先閱讀對方的自我介紹、查詢相關評價，然後想像該物品來到身邊的畫面，並且模擬它的未來。

無論再怎麼想要一件商品，如果能預見它在不久的將來會被棄如敝屣，我想購買的心情就會立即冷卻。相反地，如果尋尋覓覓到最後，只買到一件商品，但該商品卻物超所值，讓我感覺自己同時買了三件商品，我便會感到滿足。

我想，肯定會有人認為這樣的過程是在浪費時間與精力，但以價格適中的少量物品，來換取滿足感的購物模式，不僅能減少消費金額，也能幫助增加儲蓄與投資。

比起認定不購物就可以節省，我反而覺得在自己有需求時，多關注有需求的商品並嘗試購買，才是更合適的選擇。試著思考我們為何要辛苦賺錢吧！如果在同樣的消費額度之下，花錢購物能讓自己更幸福，那有什麼理由不購物。

為了省小錢而拚命比價，是浪費時間嗎？

某次朋友來我家拜訪，我們聊天時發生了一件事。當時聊得正起勁，他卻突然拿出手機來搜尋某項商品。他說想起家中的米吃完了，要趁還記得時趕快訂。他花了大約五分鐘尋找最低價的商品並完成訂購，然後他放下手機自嘲說：「我竟然為了節省一千韓元而花時間比價……這些時間如果拿去投資在更有生產力的事上，應該會更好，但我就是改不掉這個習慣。」

也許他是覺得我們很久沒見，他卻花時間在做這些事，所以想替自己辯解。其實我沒有很在乎他聊天聊到一半，突然說要買東西，只是我無法同意他後來說的那句話。為了省一千韓元而到處搜尋比價，這是非改不可的習慣嗎？

偶爾我會聽到別人感嘆，說希望能過著不用比價，想買什麼就直接結帳的生活。不過我想，手頭寬裕到不需要比價的人，肯定也喜歡買到便宜價。

某天晚上，一個住我家附近但不太熟的朋友急著跟我聯絡，訊息內容是在問我，能不能借他某個會員號碼。他說自己剛才跟其他人在餐廳吃飯，想起用我的會員結帳能打九五折，所以才跟我聯絡。

他是一位相當成功的實業家，如果拿跟我聯絡的時間和精力去工作，肯定能很有效率地賺回折扣的價差。即使是這樣一位手頭闊綽的人，也不喜歡要花更多錢去買同一件東西。看銀行、發卡公司跟百貨公司的頂級貴賓服務，主要的優惠都是「折扣」，應該就能略知一二吧！

經過長時間的觀察，我認為一個人對支出的「態度」與「財富」之間，有著不容忽視的因果關係。況且像我這種消費水準一般的平凡人，花點時間搜尋，幫自己節省一千韓元，絕對是件很有價值的事。

有意義的比價，反而讓人學會珍惜物品

購物新手剛開始在查詢物品的販售處、嘗試比價時，肯定會花許多時間。他會煩惱應該要直接去現場買比較好，還是即使得加上運費，仍要選擇網購。如果選擇網購，那以什麼樣的標準、在哪些網站搜尋、以哪些條件篩選等，每個選擇的時刻都會令人頭痛不已。

但這種事情反覆經歷幾次後，很快就能建立起屬於自己的購物模式。你會開始掌握能取得必要購物資訊的管道、會發現即使並非

最低價，選擇在值得信賴的購物網站累積消費次數、賺取點數，或許是更好的選擇。雖然這些愛用的服務也可能隨著時間定期汰換，但你很快就能適應。這些經驗累積，會逐漸成為你不容忽視的購物經歷。

去年我置換家中用了十五年的洗衣機，同時還買了烘衣機。考慮到用了十五年仍沒有故障的前任，我挑選洗衣機所耗費的精力很不一般，也因此要花費比平常更多的時間做功課，就成了理所當然的事。

雖然都是洗衣機加烘衣機的組合，但藉著這次的經驗我發現，洗烘衣機的組合商品，反而比兩者分開來購買要貴上數十萬韓元。在這個即使是買牛奶，特價套組都會比單買便宜的世界，洗烘衣機的購物原則真的令人感到疑惑。

深入了解後才知道，我們在同時購買這些不算便宜的商品時，不僅無法獲得折扣，還得多付錢的最大原因就在於情報。雖然只要多搜尋幾次、多點幾下，就能得到這些折扣情報，但嫌麻煩或是不知道該這麼做的人，就必須付出更多費用來買這些商品。

在體驗並了解世上大多數的商品與購物型態上，情報的價值可比想像中要貴許多。購買商品的體積越大，越需要親自奔走，才有可能獲得真正必要的資訊。因為購物市場隨時都在變動，而自己的狀況與需求也會隨著情報的方向而改變。前文用來舉例的洗衣機和烘衣機，很可能與你閱讀這段文字時身處的書店，是完全不同的購物狀況。

對情報採取開放的態度，能讓我們更加珍惜自己人生中的許多事物，而這些經驗也會使你的生活品質更好。省下一千韓元的習慣，若能與省下上千萬元、上億元的念頭相互連結，那為了省下這點小錢的辛苦，可就不容忽視了。

TIP

如何找到最低價的商品？

❋ 到入口網站搜尋要購買的物品名稱，交易中介網站有時會提供額外的折扣。

❋ 如果排列順序設定為最低價，會出現一些無關的商品。例如要找智慧型手機，卻出現五百韓元的手機支架。先設定一個大略的範圍，再設定價格由低到高排序就好。

❋ 若要買高價物品，不一定要等到特價時再買，平時就先了解價位會比較好。因為特價活動開始後，提高物品原價再提供折價券的情況很多。

❋ 如果有價格還算不錯的購物網站，集中在該處購物，累積消費點數也是個好方法。

❋ 熟悉搜尋的方法，找到屬於自己的購物方式後，就別再花太多時間找最低價的物品，也別去搜尋價格，到處比價。

眼界開了後，也影響買東西的標準

這是我搬到現在買的這棟房子時的事。每次搬家時，家具進駐新家後，我會先從接下來不太會再動到的地方開始處理，這些地方都打理好之後，再慢慢補滿剩下的部分。而剩餘的部分當中，最讓我在意的就是餐桌燈。一般已經有一定內部裝潢的房子，餐桌上方都會有個相當高雅的吊燈，足以改變整個家的氛圍。

我為了尋找影響家中氣氛的重要餐桌燈，偶爾會去居家裝飾賣場或燈飾店閒逛。那已經是五年前的事了，但如今我家的餐桌燈，依舊是當初搬進去的基本款。我一直在等符合自己喜好的商品，許多光陰便在等待中逝去。

喜歡參觀的我，一直以來看了很多優質家具和居家擺設，所以對高品質又好看的商品很熟悉，只是這些商品的價格卻總是超乎想像。其實我知道，只要有心，一定能勉強找到一盞還算可以的吊燈，問題在於吸引我注意的商品，都不太適合天花板較低的韓國公寓。於是我退讓了一步，往適合空間的品項去找，卻只能找到差強人意但價格偏貴的產品。所以我分配給餐桌燈的預算不是不花，而是花不出去。

在我持續接觸高品質的物品，價值標準被提升之後，就遇到了一些有趣的事，例如經常想花錢卻根本無法花錢，這也使得我家有不少跟餐桌燈一樣，想換卻換不掉的東西。

搬家後，我發現客廳沙發上方的空牆面需要一幅畫作，那時我恰好剛結束歐洲美術館的取材之旅，正身陷在「名畫後遺症」中。當時我深深著迷於梵谷與馬諦斯，一般的油畫都入不了我的眼，更不想在家中掛上沒有質感的印刷品。我到畫廊逛過，卻不如預期，完全沒有找到又大又能融入客廳氛圍，讓我可以毫不在乎存款餘額就買下去的作品。

某天，我去大型居家飾品賣場買抹布，發現了一個非常適合我家牆壁的作品。那是該品牌正式購買版權且製作的畢卡索複製畫，我非常中意。雖然這幅臨時起意買的畫只要三萬韓元，如今卻已掛在我家客廳四年多，每位來訪的客人都會好奇這幅畫為何能完美融入客廳。他們總是會問：「那幅畫真不錯，是妳認識的人的作品嗎？」

我還沒有放棄新的餐桌燈跟新的畫，只不過在遇見它們之前，我很可能會先搬家。我想，或許我是個不懂得在欲望上讓步的人。大腦除了在人的欲望獲得滿足時會分泌多巴胺之外，在想像欲望獲得滿足時，也同樣會分泌多巴胺。準備旅行時之所以能讓人有跟旅行一樣愉快的感受，就是因為人會一邊準備旅行，一邊想像旅行時即將發生的事。

也許是因為這樣，每當發現令我心動的物品，或是找到滿足自己喜好的物品時，我都會有一種願望實現、獲得滿足的感覺。入手該物品時獲得的滿足，反而意外短暫。在取得這些物品之前，我會感覺自己的欲望蠢蠢欲動，而那讓我感覺自己活著。

我有個朋友熱愛蒐藏限量版公仔。他的事業成功，需要花錢的事沒有一件難得倒他。當時我想，他可能會花錢把世上所有的稀有公仔都買回家。只是沒想到，他家的公仔並沒有因為他手頭逐漸闊綽而大幅增加。

據他所說，自從能容易取得這些公仔之後，他就不再有興趣花錢蒐集。他訂了幾次限量版，發現沒什麼樂趣後，便不再繼續。他的欲望產生了變化，而我能確定，這代表有某種形式的樂趣從他的人生中消失。我不是想說什麼人生要有所不足，才能獲得幸福之類的老生常談，但既然想把人生填滿，那麼利用欲望或許是聰明的選擇。

收入不固定的我，早早便開始強迫自己控制支出與儲蓄，所以在收入比較好時，開銷也沒有增加太多。反倒是隨著我對購物的興趣與日俱增，經常能注意到想讓我花錢購買的好東西，也使得我的欲望指數不斷攀升。

消費能力低、欲望指數卻攀升，很有可能會踏上因過度消費而破產的不歸路，但我並沒有讓自己變成那樣。一個人如果能用只要五十萬韓元的皮包獲得滿足，或許就會因為這個包的定價與符合自己的收入水準相當，而讓人一有機會就花錢，這樣的習慣也會使存摺的洞越破越大。

但如果每次看上的都是要價一千萬韓元的皮包，可能就會因為自己的欲望無論如何都無法被滿足，而乾脆連那五十萬韓元都不花。由於我已經很習慣看好東西，所以能一眼辨識出物超所值的好商品，並進一步讓我得以在自己的欲望與節省開支間找到妥協，這也能帶給我另外一種滿足。但由於這樣的商品實在很難找，所以我也很少打開錢包。

如果你有一定的消費能力，可以讓你購買最頂級的生活小物，如指甲刀、牙刷架等，那我要告訴你，這種在小地方花大錢的矛盾感，反而可以提升你對購物的滿意度，**而購物的滿意度則與人生的滿意度有所關聯**。面對那些價格要貴不貴的物品，有些人不是無法買下，而是不願買下。

最近我光是看到自己中意的物品都會覺得心情很好，也會想像在某個地方遇見符合我喜好與標準的餐桌燈，我享受這個過程。能夠品嘗欲望的人生，比填滿欲望的人生更精彩。

強調多功能的商品，常不如預期好用

一舉兩得、一石二鳥、一箭雙鵰、摸蛤仔兼洗褲、一舉數得、皆大歡喜……語言中有許多跟多重好處有關的成語或諺語。也許是因為我們生活在講究效率的社會，所以能一口氣兼顧多種用途的物品，總能吸引人們的目光。而我同樣也曾迷戀過這類商品。

起初我告訴自己，就連買小東西都要買得聰明。這樣的決心，讓我不慎踏入蒐集「一舉數得」物品的喜好當中。先從結論說起，就像大眾情人從來不屬於任何人一樣，兼顧多種功能的商品，反而無法好好發揮任何功能。領悟到這一點之後，我便決定改變自己挑東西的習慣。

對我來說，冠有「多功能」頭銜的物品中，我最不會去碰，也最容易放到過期的東西就是化妝品。號稱能同時用在眼睛、嘴唇和臉頰上的彩妝商品，塗抹在眼睛或嘴唇上時顯色不佳，塗在臉頰上則容易過度鮮豔。號稱能塗抹在嘴唇、手肘等易乾燥部位的多功能滋潤霜，則不管抹在哪裡都沒有太大的滋潤功效。

衣服或其他配件算是好一點。我指的是那種可以翻過來兩面穿的設計，或是袖子、衣服下襬跟內裡可以拆卸的設計，但這也不代表這些功能都能真的派上用場。

這些多功能商品的共通點，在於一開始都是用特定的功能吸引我購買。我有一個從來沒翻面用過的雙面式皮包，也有一件從來沒把內裡拆下來的兩用外套。而肩膀上有條拉鍊，能把袖子拆下來當背心穿的防寒夾克，我也從來沒把袖子拆下來過，每次穿都是維持原樣。相反地，我也曾經乾脆把一件防寒連帽外套附的防寒毛拆下來不使用。這些物品的其他功能，其實只是恰巧附在我看中的物品上，並不是一開始吸引我購買的動機。

仔細想想，似乎也能理解用一件物品滿足多種需求，為何是幾近不可能的事。所有需求都是一體兩面，例如配備好的筆記型電腦會比較重、溫暖的衣服穿起來較笨重等。當然，做工精良的電腦能兼顧高規格與輕巧、高品質的衣服可以溫暖且不笨重，但這只是減輕主要選擇條件帶來的副作用，沒有辦法同時完全滿足兩個需求。若要減輕副作用，自然需付出較高的價格。

如果希望能從某項物品上獲得滿足，首先必須決定自己最想要的條件是什麼。選擇最主要的條件之後，剩下的就必須有放棄或以價格補上的覺悟，這樣才能降低購物失敗的機率。換句話說，你必須知道，世上沒有一台性能好又輕巧且很便宜的筆記型電腦。

思考最需要的功能是什麼，再來選擇

「好的」、「常用的」這種模糊條件，會讓人產生靠一件物品滿足多項需求的欲望。明明只要買一個東西就能解決自己的需求，但這樣的欲望卻會使人多買其他不必要的物品。

無論是哪個領域，在企劃有形或無形的商品時，最看重的都是「鎖定目標族群」。只要能精準滿足某些少數族群的需求，他們的滿足就會擴散出去，甚至進一步擄獲其他族群。

當我需要一件物品時，我經常覺得自己的需求也必須精準定義。例如冬天買外套時，把目標精準設定成「在只搭乘自小客車移動時穿的外套，防寒功能不用太好」。買完後你或許會發現，在這個前提下所買的外套，能派上用場的場合意外地多。例如趁著天氣較暖和而出門散步時、到家附近辦點事情，很快就回家時、乍暖還寒的春天等等，這樣的外套都能派上用場。

一旦你看中一項精準符合特定需求的物品，就會發現它能在許多地方派上用場。放棄多功能這個選項，反而能讓物品展現更多功能。無論是在購物還是人生中，我們經常能看見如上述般的矛盾。因為滿足一個核心需求之後，那些在其他層面原本稍嫌不足的地方，都能用巨大的滿足感去填補。

寫這篇文章時，我也檢視了自己的生活，我身邊幾乎沒有什麼多功能商品，連一支多色原子筆都沒有，身邊唯一的多功能商品就是開瓶器。那個開瓶器能夠開紅酒的軟木塞、碳酸飲料的瓶蓋以及罐頭，每種蓋子它都能完美征服。但當我意識到這個開瓶器笨重到無法隨身攜帶時，我忍不住笑了出來。果然，**人都得放棄一些事情才能讓自己獲得滿足。**

便宜真的沒好貨嗎？CP值高是否存在？

當一個人終於長到有經濟能力，可以買東西給自己時，長輩會給的購物建議差不多都是這些：

「不知道要買什麼就買貴的。」

「沒有比價格更誠實的東西。」

「便宜沒好貨。」

「就算只是買個小東西，都要買到好東西。」

在累積購物經驗、累積生活經驗的同時，我們經常能切身感受到這些建議是真理。貴的東西就是好，而便宜總是沒好貨。在資本主義社會下，等價交換是所有人的共識，如果想用少量代價換取大量好處，那你必須滿足超乎預期的惡劣條件，這是物超所值所帶來的苦果。只不過，最近我開始覺得那些看似絕對真理的價格律法，似乎到了該修正的時候。

在過去那個對物品資訊不熟悉的年代，人們只能依靠品牌或店家的保障，相信由值得信賴的人所製造、販售的物品，品質確實比較好。獨占情報的人們，以他們的保證換取我們付出的代價，那時買家與賣家都認為這樣的做法無傷大雅。

但到了兩千年代中期，網路開啟不受時間及地點限制的行動時代，情報的價格開始快速下滑。人們能輕易彼此連結、分享集體智慧，再也不必完全仰賴賣家的情報。

原價、流通利潤、功能的實用性等資訊，如今想要多少就能找到多少，不需再像以前那樣付出昂貴的代價，以換取賣家的保證。比起功能只提升百分之十，價格卻貴上十倍的物品，人們更懂得選擇雖然只有一、兩項功能符合需求，但價格相對較為合理的物品。也因此現在人們開始計較「CP值」。

「性能相對價格」較佳的產品，我們會說是「CP值高」，那並不代表廉價。CP值的重點在於性能，指的是物品的品質、功能都超值的意思。

在講究相對主義的現在，「好物品」的概念也不是絕對，而是相對的。**比起面面俱到、對每個人來說都好的物品，符合自己需求的物品更會讓我們感到滿足。**而那個需求可以屬於實用層面，也可以屬於情感層面。

以我最近入手的物品來看，該價格讓我覺得自己有些極端。例如洗手乳，我若不是買單價三千韓元左右的商品，就是會直接買超過五千韓元的高價品。如果把重點放在洗手的實際用途上，我就會看網路評論，挑選能發揮清潔功能的品項。如果希望透過香味及奢華帶給我一些感性，幫助自己轉換心情，那我就會買貴一點的品項。

我只想為自己需要的部分付費，不想多付錢去買品牌提供的多功能大禮包。穿一萬韓元的T恤配名牌夾克，或是同時提著贈品環保袋跟上百萬韓元皮包，也都是基於同樣的思考脈絡。

如今以CP值為主要考量挑選商品，也不太需要擔心失敗，這也是多虧了商品品質在這段時間內有提升所致。那些即使價格便宜仍無法發揮應有功能的商品，會因為網路評價不好而立刻被市場淘汰。

即使品質有一定程度的保障，但消費者仍然必須越來越聰明。

貴的東西不一定好

兼具ＣＰ值高又能滿足需求的商品選擇並不多，所以我們必須更加理解自己的需求及物品的優點，精準掌握購物重點。只要你不是一個懶得深入研究商品的人，即便不是出手闊綽的大戶，這個世界依然能讓你享受理想生活。

但如果你要再問價格與品質是否成正比，那我會這樣說：「把兩個相同的物品拿來比較時，貴一點的那個當然比較好，但你不能因為其中一個的價格是另一個的兩倍，就期待品質也會高兩倍。」一提醒自己，若要享受升級百分之十的性能，就得多付出一倍的價格購買，這樣在購物時你比較不會後悔。

其實不只是物價，世界上的每件事都是這個道理。為了要進步百分之十，就必須付出百分之百的努力，有時候那進步的百分之十甚至就是一切。

所以，如果你想在小差異上投資，不妨照我前文說的去做吧！只不過還是要記得，**盲目相信「貴的東西一定好」，這句在資本主義信仰下催生出的金句，現在已經成了一件有點俗氣的事。**

人不可能十全十美，商品也是

在翻閱美髮沙龍的雜誌時，我偶爾會看到喜歡的皮包或衣服，這時我總會感到心動。只不過讓我激動的並不是那項商品，而是自己那顆見到商品時會動搖的心。

自從明白盲目購物很無謂之後，我就不太會隨便對物品心動了。有時候不經意看到覺得還不錯的商品，價格卻超出我預期的好幾倍。只要看到價格，我心中那許久沒有燃起的欲望之火便會悄悄平息。畢竟我總會認為，自己所看中的商品似乎不值那個價錢，這也使我立刻失去興趣。在那一刻，不需要多花錢的安心感，與失去購買對象的失望感，會在我心中交錯出現。我想要的究竟是什麼呢？

經常有人來找我諮詢他們的煩惱，其中，大多數人的煩惱都與戀愛有關。有些人的條件十分優秀，該有的都有，卻始終無法遇到真正滿意的對象。他們若不是交往後很快分手，再不然就是根本不談戀愛。他們在講述煩惱時，我總會聽到抱怨某某人就是這樣不行、那樣不行等內容，這些我都很認同。

但另一方面我也會想，世界上真的有人連這一點小缺陷都沒有嗎？即使遇到在各方面幾乎都符合標準的人，他們還是會以超乎想像的嚴格標準檢視對方。雖然我覺得有些誇張，但也覺得他們要找的畢竟是能共度一生的結婚對象，實在不能因為符合要求的人不多，就隨意放寬標準。更何況在這個年代，結婚並不是那麼吸引人的事。

矛盾的是，最能合理解決這種情況的其實是「愛情」。

如果一對不合適的情侶想專注在彼此的優點上，那麼優點以外的部分就必須用情感的連結來彌補。這樣一來，那些讓人受不了的缺點，就能用無法以數字衡量的感情來填補，並進一步讓雙方接受彼此。但如果對方沒有足夠的魅力，使你必須從客觀的角度，找出對方的優點來填補情感的空白，最後總是很容易失望。

這些來找我諮詢煩惱的朋友，個個都繃緊神經，想避免挑到不滿意的結婚對象，同時卻又期待著能找到迷人的對象，讓自己能對那一點點的不足視而不見。

偶爾也會選擇不那麼實用的商品

開始懂事之後，我對所有欲望的態度也逐漸往這個方向轉變。我看過太多社會的真實面，也累積許多知識，因而得以做出更明智的選擇，但也相對使我失去了許多欲望。過去因為不懂事，所以會不斷產生欲望，但這反而讓我感覺自己真確活著，我偶爾會懷念那時的自己。可能是因為我已經不容易產生欲望，所以只要找到在一定程度上讓我滿意的商品，我就會不自覺地為它加油。

「再更努力吸引我一點啊！」

「再更刺激我的需求啊！」

「讓我看見『即便如此仍非你不可』的理由啊！」

如果是以前的我，對那種看起來像騙術的行銷手法，肯定不敢苟同。區分一個條件是否屬於商品的本質，究竟有什麼意義？有些商品雖然有著一定程度的缺點，但只要能滿足自己的需求，那就已經是發揮應有的功能了。

比起「使用發揮職人精神製作的物品」，感覺自己像在使用發揮職人精神所做的物品，對我來說似乎更加重要。但也是因為現在的商品，整體的品質都已有一定水準，所以我才能秉持這樣的想法。就算是行銷手法也沒關係，我真的很想找到能感覺自己被深深吸引的商品。

渴望被吸引的欲望獲得滿足後，會帶來安慰劑效果，那甚至能彌補商品缺乏實用性的問題。例如不久前我就換了一個沒有那麼好用，外型卻非常漂亮的平底鍋。現在的我，實在很容易被行銷手法迷惑，總會刻意去找那些之前曾被我嫌棄的商品來用呢！

大原則是，不買只有外型好看的東西

懂事之後，我一直對空間有一些幻想。例如書房的牆壁上擺滿了書、臥房裡擺一張附有紗帳的床鋪，或是在房子裡放滿我喜歡的元素，讓我住進去之後就完全不想離開。

但離開原生家庭自己搬出來住，能夠自主裝飾空間之後，我反而越來越喜歡待在咖啡廳。原因很簡單，因為咖啡廳沒有「生活感」。**人生在世，我們會逐漸發現生活空間的舒適與否，取決於物品的減少而非增加**。或許是因為這樣，即使咖啡廳裡被塞滿無用的漂亮物品，卻依然能讓人感覺未能滿足的欲望獲得滿足。

像咖啡廳這樣的地方，只需要營造出一定的氛圍，滿足路過的行人就好。而改變氣氛的最快方法，就是在室內擺放物品（雖然只是擺設，但同時也能提升空間的藝術層次）。就算空間不寬敞，只要擺放合適的花瓶、雕塑或玩偶，就能成為符合規劃者意圖的美觀空間，有些咖啡廳甚至會用書本或老闆個人的收藏品來進行布置。

但如果要裝飾的空間是生活用途，那情況就不同了。由於咖啡廳是商業空間，只有要在那裡工作的人才會常駐其中，這些人也會不停清掃各個角落，以維持空間整潔。但如果是在家裡，擺設過多的空間很容易積滿灰塵。

有故事的物品，則是例外

在外生活這些年，我深刻感覺到，確保吸塵器及抹布在行進的路上，不會出現任何死角，並盡可能讓地板保有完整的平面，才是一種美德。也因此，我逐漸對擺設用的物品失去興趣。現在我遵循的原則就是「不買只有美觀功能的物品」。

但這並不代表我放棄像咖啡廳般漂亮的空間，選擇住在醜陋的房子裡。在生活舒適的前提下，我遵循著「形式上的極簡」，在自己的標準下進行合理的妥協。不漂亮的東西盡量收在看不見的地方，露出來的物品則要在可挑選的範圍內，選擇最好看的。如果功能與設計相互衝突且不分軒輊，那我會更重於設計。

所以我的奢侈主要都表現在這些地方，像是買最貴的廚房紙巾架、最漂亮的垃圾桶等。如果說奢侈是為了自己的喜好，而放棄某些實用性，那我最近最大的奢侈，應該就是購買用來放電子鍋的廚房收納櫃。

我每週都會一次煮好當週的白飯量，並放進冷凍庫保存，也就是說，每週都只會用到電子鍋一次。為了這件使用頻率偏低的家電，我卻要特地丟棄某些物品、放棄某些便利性，騰出空間來擺放，的確是一種奢侈。

「那麼，那盆植物又代表什麼？」

「那沒有什麼特殊用途啊。」

來我家玩的朋友聽說我不買只有美觀功能的物品時，便指著家中的旅人蕉盆栽問道。

其實我大可以告訴他，植物具有醫學功效，所以擺放盆栽在家中對身體有益。但我最後還是選擇告訴他，要購買有生命的物品時，我不會去計較用途。因為我的選擇而走入我人生中的女兒、寵物貓，其存在意義都不在於對我是否有用。

有生命的對象對我的吸引力、我對他們的責任，超越了有用與否。換個角度來想，如果你對某件物品的珍惜程度不亞於生命，那應該就能不假思索地買下它吧？

有些朋友會送我漂亮卻無用的物品，希望他們不要認為自己的誠意，最後會被我扔進垃圾桶。那些物品被我擺在家中，某個不受上述原則限制的玻璃櫃裡，讓我隨時都能觀賞。其中有些是柏林圍牆的碎片，有些是勞孔群像（編按：亦稱為勞孔像，是一座著名的大理石雕像，現藏於梵蒂岡博物館）發現五百週年紀念的梵蒂岡門票，都是些不需要證明其用處，卻仍然可以留下的小東西。

一個在情感上屬於例外、有保留原則的空間，能使停留其中的人感受到自由。

不盲從跟買，也是一種購物態度

雖然我不是那種為了錢什麼都願意做的人，但也不是花錢不眨眼。在我能夠任意花錢購買的物品中，有種東西我一點興趣也沒有，那就是珠寶。

珠寶的保值性不如黃金，它的美麗也沒有太打動我，比起漂亮的裝飾性珠寶，我更偏好有設計感的珠寶。我經常在出門一趟之後，發現一對耳環消失無蹤。為了洗手而拿下，最後卻弄丟的戒指數量也多達數十個。對這樣的我來說，持有珠寶是一件需要提心吊膽的事，我更弄不清楚珠寶的用途究竟為何。再加上近代珠寶的製作都以鑽石為主，而我覺得鑽石的價值實在太政治化了。

但不久前我聽別人說，珠寶是表現一個人對購物極度喜愛的究極領域，對珠寶沒有興趣，是因為你沒有足夠的經濟能力。

這句話讓我思考了很久。我難道就像伊索寓言裡的狐狸一樣，是因為吃不到葡萄才一直說「那是酸葡萄」嗎？我任意貶低這個我沒有的東西，難道是在合理化自己的能力不足嗎？

而我最後得出的結論是「那又怎樣」。

無論在哪個購物領域，價值都由消費者決定。對該商品有興趣、願意為其支付費用的消費者群體有多大，以及那項商品在這世上的珍貴程度，決定了其價值。

我最近才知道有一種叫做「習志野」的多肉植物。這種多肉植物沒有葉子也沒有刺，就像顆足球一樣，甚至會讓人懷疑它究竟是不是植物。有趣的是，它每年都一定會增生出一個圓形的球體，所以一眼看過去就會知道它長了一歲。那個球體稱為「頭」，每多一個頭，它的身價就會增加五萬韓元。

如果有人以不能轉售為條件，要送我一顆有二十頭的習志野仙人掌，我肯定會二話不說地拒絕。因為我不屬於認為該仙人掌很有價值的群體。同樣地，對消費珠寶的群體來說，我也只是化外之民。

「大家都說○○公司的衣服很好，只有我覺得又貴又俗氣，是我的問題嗎？」

「聽說╳╳╳的設計很符合最近的潮流，但我一點都不覺得好看。」

「不知道為什麼，最近很流行去飯店度假，是因為我太小氣，才會覺得他們花這些錢很浪費嗎？」

許多人會自我審查，擔心自己是否用酸葡萄心理去看待他人的喜好，有時候會讓我們產生莫名的混亂與罪惡感。而這種感受，經常會使我們盲目模仿他人消費。我很好奇，從一開始就在消費群體之外的人，真的有必要為了理解他人的喜好，而刻意走進陌生的消費群裡嗎？**我不喜歡就是不喜歡，不必因為他人而加入新的消費群，這也是一種堅定的自我認同。**

你不喜歡無妨，但要尊重他人的喜好

我大學時期的朋友當中，有名喜歡雞的同學。奇特的是，他喜歡的不是炸雞，而是活生生的雞。他還曾經說過，要讓雞蛋復活孵出小雞，然後再把那隻雞養大。他也一直覺得自己是獨一無二的怪人。但隨著網路越來越發達，人們開始能透過網路連結之後，他便逐漸認識新世界。

他發現，世界上竟然有上萬個跟自己一樣喜歡雞的人。這些原本散落在龐大群體中，完全看不見彼此的人們，透過網路相互連結形成了社群，並建立起屬於他們的小世界。這群人在社群裡不再是疏離的少數，而是成為主流。

這其實是很了不起的事。他們不是被困在獨立的小世界裡，而是身處在一個無限擴張的世界。心智堅定的人，更能在該群體中自由穿梭，不斷擴大「自我」。現在已經不是必須全家一起商量，決定電視要看哪一台的時代了。如今人人都有自己接觸媒體的方式，我們能無止境地個人化，同時也能輕易與他人連結。如今，每個人都可以接觸自己有興趣的團體，分享自我喜好並從中獲得力量，只要不會危害別人，每一種喜好都能獲得尊重。

現今的社會，不再是過去那種分層化的巨大團塊，而是更像切分成不同空間的蜂巢。這樣的消費世界，也確實有著一定的優點。人們的消費不如以往受限，皆能依自己的個性消費，拓展經驗範圍。

雖然現在我們能自由窺探他人的消費，但每一種變化都是雙面刃。當我們看見消費能力比自己強的人時，是要感覺自己相對受到剝奪，還是要認清自己的能力，並利用網路力量，在合適的領域中盡心盡力，都取決於個人的選擇。

因此，即便我沒有選擇的消費領域是昂貴的麝香葡萄，但在我心裡仍是酸葡萄。既然選擇把該領域當成是酸葡萄，總比看著吃不到的葡萄餓死，或是攻擊摘下葡萄的猴子，並把葡萄據為己有，要好得多吧？雖然狐狸認定「吃不到的葡萄一定很酸」，決定繼續走自己的路，但我相信，未來牠一定會找到更美味的食物。

或許《伊索寓言》想透過狐狸告訴我們的並不是自我欺騙，而是如何當一名聰明的現實主義者。

該買喜歡的東西，還是適合的東西？

在某個跟朋友聚會的日子，朋友Ａ第一個抵達約定地點並入座，我卻差點沒能認出她來。不光是我，那天依序抵達的與會者看到Ａ的模樣都大吃一驚。原來是因為Ａ那天白天有個重要活動，但她沒有符合規定的衣服，所以就跟自己的姊妹借，沒想到卻在姊妹的建議下，做了跟平常截然不同的打扮。

問題是，那個新風格實在太適合Ａ了！Ａ一直是個不在乎流行與年紀，喜歡自由嬉皮打扮的人。經過那次之後大家才發現，原來她天生適合簡潔幹練的風格。

她那天的變身撼動了在場的所有人，大家誠懇且小心翼翼地勸她，要她以後都如此打扮。但無論身邊的人如何勸進，她依然很不情願。當時她的回應是「是嗎？我討厭黑色耶……」但那天之後，我們確實再也沒見過A穿成那樣。她再度回歸符合自己喜好的打扮，彷彿這件事從來不曾發生。

前陣子，我本來打算要買一件紅黑色針織連身裙，卻一不小心把付款視窗關掉。就在那一刻，我瞬間想起了A。即使原色、黑色、針織材質、蓬蓬裙之類的衣服一點都不適合我，我還是會經常注意那些衣服。當喜歡的東西跟適合的東西不一致時，我該怎麼選擇呢？或許這個問題會在人生每一個需要選擇的時刻出現，並困擾著我。

以前我會直接買下自己覺得好看、想要擁有的東西，也深信我的喜好都很適合自己，總是不假思索地穿出門。可是幾年前穿了在時尚產業工作的朋友幫我挑的衣服，並出席各種大小活動之後，我的想法開始改變。因為穿上那些衣服的我，光照鏡子就能發現自己截然不同。

透過照片或影片，可以發現亮色系、暖色調很適合我，而穿著剪裁銳利的黑色衣服時，卻會讓我看起來毫無生氣且十分庸俗。明明在我的想像之中，穿上黑色衣服的我，應該是充滿知性的都會女子才對。

就在這時候，我的購物人生面臨極大的衝突。隨著我明白哪些衣服能將自己襯托得最為亮眼之後，我反而感受不到買衣服的樂趣了。我又不是職業模特兒，外型當然會有許多掩飾不了的缺點，能夠彌補這些缺點並突顯優點的設計，實在是非常有限。

最後，每次要買新衣服時，除了買類似的款式之外，就沒有什麼其他的選擇了。但我也無法毫不在乎自己在他人眼中的形象，只買自己喜歡的東西來獲得幸福。以前的我，只要買好看的衣服就能獲得滿足，更誤以為別人眼中的我，也跟我想像的一樣帥氣。也許是因為這樣，以前的我才能盡情買自己的東西，毫不在乎他人的想法。

或許人們根本就不想要從這種錯覺中醒來也說不定。就像A，即使身邊的人再怎麼稱讚，她仍然認定「人們不懂我，我最了解自己」，絲毫不願意妥協於自己不喜歡的風格。**對大多數人來說，要承認喜歡的東西與適合的東西有落差，實在令人感到抗拒。**

不把自己塞在不適合的生活方式裡

自己追求的形象和為了實現該形象所選擇的工具之間，也許會出錯，但最大的問題在於，我們有可能不願意承認錯誤。好比我如果想要完成理想中的「知性都會女子」形象，應該要選擇駝色風衣，而不是黑色西裝外套。

恰巧就在那段時期，我的職業也正面臨轉變與選擇。無論在人生的哪一個時期，我們都會面臨選擇的關鍵時刻，要從該做的、能做的與想做的事情之間做出選擇。那些時刻會讓我們認真思考，不過，這個相信且執著於個人喜好的態度，究竟是建立自我認同的支柱，還是討厭接受改變的固執？

因為我渴望效仿紐約客和巴黎人，所以不適合我的黑色西裝外套一度成了我的喜好，但後來我也明白，這就好像把自己硬塞進不合適的生活方式裡一樣。

夾在自覺與期待之間令我感到混亂，也讓我完全不想做出選擇，最終使我超過一年沒有買衣服。直到最近，我才覺得自己開始妥協，偶爾會買一些衣服，只是購物模式跟以往很不同。我開始能真心捨棄那些不適合自己的物品，也能選擇某些雖不太適合，卻仍有特定部分貼近我喜好的物品。這種在喜好與適合之間找到微妙平衡的做法，讓我覺得自己有所成長。

現在，我會在重要場合挑選最適合自己的穿著，平時跟朋友見面則會依喜好隨意穿搭。不過，必須避開的元素我還是會盡量避開，例如以深藍色襯衫代替跟我最不搭的黑色。

TIP

如何挑選衣服的材質？

查看衣服上的吊牌，就能知道這件衣服的纖維組成資訊。

一般來說，天然纖維（棉、羊毛、亞麻、絲）的含量高過合成纖維（聚酯纖維、壓克力）越多，價格就會越高，一般來說品質也會越好。

若要講究輕巧、保暖、吸汗力與通風透氣等功能，便難以使用大量的天然纖維。不過除了價格之外，天然纖維還有耐久度較差、容易有皺褶等問題，所以通常都會與合成纖維混用。

以我自己的情況來看，挑選冬天的大衣時，會選擇羊毛比例在百分之

八十九至九十以上的產品。冬天的衣服經常會混用壓克力纖維，但壓克力纖維的比例越高，衣服就越重、越不保暖。如果想買更正式一點的大衣，就挑選混用喀什米爾羊毛或羊駝毛的材質吧！

不過就經驗來說，這些高級材質的比例若低於百分之十，也沒有太大的意義。若是正式服裝，挑選純羊毛、純絲質的材質，便是再好不過。但因為非常容易產生皺褶，一點點摩擦都可能傷到衣服，所以可說是毫無實用性。若想勉強妥協，可選擇聚酯纖維混乙酸纖維素或嫘縈的材質。

第三部

該追流行嗎？

不把購物當成擁有物品的途徑，
而是把重點擺在累積經驗上，
滿意度就會提升。
挑選物品的標準會更加明確，
也能在使用該物品時，獲得預期的滿足感。

有時購物追求的，是當下的使用體驗

如同許久前，某位獨具慧眼的未來學者所預期，現在人們不再執著於「擁有」這件事。生活在這個物品汰換週期比以往更短的世界，與其讓自己承擔過高的花費及管理保養的風險去購買一項商品，我們更會選擇「體驗商品」。

有人認為，這是因為引領潮流的年輕世代比以前更加窮困所致，但我認為這樣的改變具有更大的意義。因為對購物的價值觀一旦跳脫物質層面，就能開啟另一扇體驗世界的大門。

在我要結婚時，雙方家長與新郎新娘都穿韓服是很常見的事。結婚這種一生可能只有一次的事，絕對不能跟價錢妥協。只是穿得太貴也感覺不到價值，所以當時我選了價格適中的禮服，但這個決定卻讓我後悔到現在。結婚二十多年後，老公跟我當年穿的韓服沒再拿出來過，一直放在衣櫃裡占空間，幾年前終於進了舊衣回收箱。

當時大家無法接受廉價的韓服，也不能接受高級韓服的租借費。長輩們深信擁有更勝於經驗，而我也沒有信心說服他們去租韓服來穿就好。後來，我們的弟妹開始有人結婚，需要定期穿韓服參加，我才了解到「租借韓服」的奇妙之處。

開了眼界之後，我終於明白高級韓服有多美，以及韓服的流行變化有多快。如果你去參加某個活動，發現主辦人身上穿的韓服莫名優雅，那麼該韓服就很有可能是最新設計的高級款。花五十萬韓元買一套韓服，十年來只穿兩次的人，絕對無法了解同樣在這十年內，每次花二十五萬韓元租借韓服兩次的人，有過什麼樣的體驗。

就像現在流行的內容訂閱服務，以前大家會認為訂閱是在白花錢，不習慣這種模式；現在卻反而覺得訂閱既簡單又合理，因為每個月只要花小錢即可享受服務，如果使用頻率不如預期，也可以直接退訂。

如今，企業深知必須要可以輕鬆退訂，人們才會爽快訂閱，所以他們也不再像以前一樣，設下許多門檻防止顧客退訂。我現在總共訂閱六、七個服務，卻從來沒有真正完全消費過裡面龐大的內容。

不光是內容或租借服務，現在我也經常覺得，自己購買並擁有物品這件事，就像一種享受經驗的服務。不過幾年前，我的購物觀念都還是「一輩子只要花大錢買這一次」。我曾經想擁有一件具有歷史及故事，且不追隨流行，能在使用一輩子後，未來再傳承給子女的物品。因為強調名牌精神與品牌認同的購物先驅們一直告訴我，那才是最棒的做法。

為了讓我的擁有更加出色亮眼，我做了許多探險與嘗試。但無論我如何開啟購物雷達，都無法找到能永遠珍藏且使用的優秀物品。即使是購買時以為能穿一輩子的名牌風衣，也會在某一刻變得沒辦法再繼續穿。

至於皮包，汰換的速度就更誇張了。在歷經幾次失敗後，我才終於明白真正永恆不變的（或是品牌這樣宣稱的），並不是品牌推出的商品，而是該品牌的傳統。

為一件物品加上「永恆」這個形容詞，是一種文學上的修辭法，實際在現代社會中，我們幾乎找不到具實用性又能代代相傳的物品。直到最近，我們才終於能公開承認真相。

不要把購物想得太複雜，反而能獲得驚喜

當我們不把購物當成擁有物品的途徑，而是把重點擺在累積經驗上，滿意度就會提升。挑選物品的標準會更加明確，也能在使用該物品時，獲得預期的滿足感。例如，快要去度假了，你想買一頂帽子，且你的想法是「這個假期戴完後就處理掉」。這種時候就只需要買有寬大的帽簷，能在海邊充分遮蔽陽光，並有著當下流行元素的帽子就好。這樣你就能在海邊盡情地拍照留念，享受那頂帽子帶來的體驗。

不過，如果你決定要買一頂這次假期戴完，之後還要繼續使用的帽子，那要思考的問題就變多了。首先，收納是個問題，你必須選擇能摺疊的帽子，這樣一來，就沒辦法選太漂亮的。因為必須要在平時短暫外出也能遮蔽陽光，所以得選擇設計有一定水準，且帶

有都會感的帽子。

如果要挑選能在城市裡戴的日常草帽，則會莫名讓人注意品牌。這些條件考慮到最後，你會買下一頂不上不下的帽子，最後無論在度假期間還是日常生活中，都無法透過這頂帽子獲得滿足。

我們不該以「永遠」為前提擁有一件物品，如果把重點放在當下的體驗，反而可以盡量享受購物帶來的一切。最讓人意外的是，善於購物者的祕訣，很多時候都會反映在上述的「訂閱」觀念上。

當購物的經驗變多，也經歷過幾次家中物品的世代交替，我發現能充分享受物品價值的時間，並不如想像中長。例如我家使用超過十年的物品，就只有菜刀而已。

現在，讓我們把所有購物都當成轉瞬即逝的浮雲吧！反正人生、人際關係、身邊的人，也都只是擦肩的過客。

TIP

什麼是訂閱式購物？

身為一名已經擺脫「擁有」一項物品，而是將購物重點擺在「經驗」的作家，想提供各位如下的購物建議。

這與不購買物品，只是暫時租借的「分享」概念不同，而是堅持將所有物品視為消耗品，配合用途與目的少量購買，用不到時也可放至二手平台出售，讓該項物品能物盡其用的購物哲學。

編按：所謂的訂閱式購物，在書中原文為Streaming Shopping，是作者自己提出的概念，和一般熟知的串流服務不同，著重在物盡其用且不囤貨。

基本款的陷阱

購物最讓我開心的部分，就是挑選衣服和時尚配件。我們有時會發現，某些人身上的衣服與配件特別顯眼，我認為是那些衣服與配件的流行週期很短所致。我最常買的品項之一是衣服，卻總是沒辦法「買得好」，這也使我常面臨才剛添購過一次新衣服，打開衣櫃卻不知該穿什麼的窘境。

許多穿搭專家異口同聲地建議，像我這種人應該要有「基本款」。例如黑色便褲、白色襯衫、牛仔褲、風衣、黑夾克等，這些都是非常百搭的基本單品。

如果你想要每週穿同一件衣服三次，但卻不會被發現是同一件，那你就會需要這些基本款。不過，即使買了這些基本款，我發現自己還是沒衣服可穿。因為這些名義上叫做「基本」的款式，跟其他衣服實在搭不起來，衣服本身的剪裁也不夠有型，沒辦法單穿，讓我始終不知該如何是好。一直到過了很久以後我才明白，為什麼基本款在我身上並不適用。

我一直認為所謂的基本款，意義等同於素描本。就像素描本是空白，需要有人拿筆作畫才會顯得特別一樣，基本款是一些本身沒有特殊設計元素的衣服或飾品，需要讓人依照當天的穿搭風格，來決定該如何搭配，所以我以為只要買過一次基本款，就沒必要再重新添購。

後來我才知道，原來基本款也像其他衣服一樣，會隨著流行改變。例如我有一條三年前買的黑色便褲，跟上個月買的便褲看起來很像，兩者都是沒有任何細節設計的基本款，乍看之下就真的只是一條「黑褲子」。但穿上身後才發現，三年前的便褲莫名讓我看起來有點土，而且在家照鏡子時不會有感覺，但只要出門走入人群，就會特別注意到自己的褲子有些奇怪。例如褲管的寬度、長度、延伸到腳踝的線條等等，三年前的褲子跟現在的褲子，就是有著微妙的差異。這讓我發現，原來基本款也會隨著流行改變。

至少在時尚產業，「基本」是有時效性而非永久性的概念。過去的我之所以不擅長基本款穿搭，是因為我天真地認為，基本款只要買過一次就一勞永逸。直到後來才知道，只有我有這種「買一件高品質基本款，就算穿十年也不會退流行」的心態。

如果想撐得起流行款，那跟流行款搭配的基本款也必須跟著改變，這麼理所當然的事，為什麼我之前不知道呢？

流行一直在變，基本款也需要定時汰換

韓國屬於四季分明的國家，基本款的購買次數比想像中更頻繁。光是想配合季節穿上合適的黑色便褲，每年至少就得購物兩到三次。如果還有其他的基本款，等於每隔一陣子就得買一樣的衣服。在這裡有另一件更有趣的事，那就是這些基本款，本身也跟著流行在改變。

例如風衣雖然是基本款，有時卻會莫名特別流行。如果你在某年秋天，發現走在街上的女性幾乎都穿風衣，就表示那年特別流行風衣。這篇文章裡提到的黑色便褲，現在許多人會搭配運動鞋來穿搭，但在過去卻被認為是較保守的職場風格，通常用來搭配白色的工作服。

其實對流行不敏感的人，也能隱約感覺到基本款的改變，所以這些人在風衣流行的季節會特別想要購買風衣。尤其在風衣流行時，

若穿上短夾克走在路上，會感覺自己格格不入，所以如果是風衣流行的年度，就不需要特別再買新的短夾克。

基本款就是只需配合流行買幾件，穿一、兩年後就換掉，就足以發揮它的功效了。

諷刺的是，有別於「基本」這個詞的含義，要買基本款可不是件容易的事。像是在百貨公司等零售店面，通常越基本的設計越快賣完，所以郊外的暢貨中心都很難找到普通的顏色與設計。（仔細觀察被送到暢貨中心的特價商品，我可以確定韓國人最難駕馭的顏色，肯定是螢光橘色。）

不知從何時起，購買基本款最方便的地點變成網路商店。過去我很重視試穿，認為無論衣服還是基本款，都一定要試過才知道是否好看，但現在對這一點早已不再那麼執著。

有時候，你即使在外面逛一整天，都還是無法找齊想要的單品，但在網路上卻能一口氣看上好幾百樣商品。透過網路購物，我們能看見哪些基本款在短期內最多人購買，也能閱覽過去的買家所留下的訊息。有時候比起到賣場試穿，被照起來瘦得離譜的賣場鏡子欺騙，還不如在網路上看人家的心得更準確。

我也好幾次親身驗證這個論點。比起自己的眼睛，有眼光的人，他的經驗似乎更值得我信賴。只要對布料有基本認識，在網路上看詳細的實品照，或是看賣家標示的材質混合比例，就能大概知道衣服的樣貌。

在服飾領域，「基本款」是很容易引起爭論的詞彙，其本身的含義很複雜，跟「基本禮節」或「基本常識」是不一樣的概念。

做自己，還是追流行？

曾經有一段時間，韓國人很認真檢討自己，檢討的問題之一就是「韓國人喜歡追隨流行」。韓國人對流行特別敏感，也特別喜歡跟隨流行、模仿別人。

在檢討的同時，有不少韓國人大力稱讚法國人，這群人主張法國人不追隨流行，即使衣櫃裡只有四套衣服，也能以絕佳的穿搭，駕馭多種不同風格。無論別人怎麼穿，法國人都是最懂得突顯個人特色的時尚玩家，讓許多人認為應該要仿效。那時我也去過幾個海外度假勝地，很認同這樣的觀點，於是就把媒體或這些略懂時尚的人們所提出的意見，當成真理一樣接受。

某天，我終於有機會前往傳說中的巴黎出差。看著那些脂粉未施的巴黎人，身上散發著若有似無的個性魅力，我深深感受到，他們果真都是有個人想法的時尚玩家。但在巴黎市區待了幾天之後，我注意到一件奇怪的事，那就是街上的女性大多數都背著某一牌的背包。那是在我大學時期流行，且被用來當作書包的美國品牌，許多穿搭風格截然不同的巴黎女性，都不約而同地搭配這個背包，且都採用單肩背。

起初我以為，法國人果然不追隨流行，這個曾經在韓國短暫掀起旋風的實用背包，十多年後他們竟然還在用。不過，直到我在巴黎待滿一週後，才從因工作在巴黎待了幾個月的韓國特派員那裡，聽說了一件事。

「那個品牌的背包，絕對是最近的流行。」

要說是流行，背包這個配件似乎也太普通了，所以我本來還認為不太可能是流行。沒想到隔年我又去了巴黎，才發現街頭的時尚男女，全都換上布製的菜籃造型手提包。那個手提包也曾經在韓國流行過，是法國某精品的基本款，而且那一年我也幾乎沒看到有人使用背包。

會被我們認定為流行的物品，通常都是在某個時間點，顯眼到超出平均值的單品。例如設計誇張的超大背包、露出肚臍的超短上衣、色彩華麗的人造毛大衣等，都屬於這一類。這些好似無法融入一般人生活的物品，使我們這些不怎麼愛好特立獨行的普通人，誤以為流行離我們很遠，但其實並非如此。

人們使用的每一件物品，都會受到該時代的需求與情懷影響，

且會隨著一定的週期而改變，這就叫做「流行」。流行的維持時間有長短之分，但沒有任何一個社會能擺脫流行的影響。雖然每次季節更替，時尚產業就會刻意創造出某些流行，以至於同一時期流行的東西，可能大同小異。不過除了被創造的流行之外，每個文化圈也會選擇適合自己的流行。有別於前者是刻意為之，後者是一種自然且隨興所至的結果，這會使得人們對自己正在追隨的流行渾然不覺。

曾經有段時間，不知為何流行戴墨鏡。當時只要是陽光強烈的日子，絕大多數走在路上的人都會戴上墨鏡。這個流行維持了很長一段時間，卻沒有人認為「是因為流行而戴墨鏡」。人們是因為陽光很刺眼，或是為了保護眼睛不受紫外線影響，才會使用這個保護眼睛的生活必需品。既然要用，就會想選擇某女演員在連續劇中戴過的款式。

有一次，我朋友說自己不關心也不追隨流行，於是我便當場問她：「妳前幾年是不是一直都在戴墨鏡？那現在呢？」

當下她陷入沉思，無法立刻回答我。直到被我這麼一提醒，她才發現，自己最近除了開車之外，真的很少戴墨鏡。她開始減少戴墨鏡的時間點，恰巧就是人們基於「進到室內就得把墨鏡拿下來，且墨鏡會在臉上留下痕跡，而使妝花掉」、「戴久耳朵會痛」等原因，開始放棄墨鏡的時期。

就像這樣，很多我們以為不是流行的單品，最後都會面臨相同的命運。

我覺得社會上某些看起來比實際年齡小、形象俐落且幹練的人，都是懂得在流行之中找到平衡點的人。因為通常流行由二十多歲的人主導，再逐漸擴散到每一個世代。如果你年逾三十還能快速接受流行，並直接把二十多歲年輕人穿的衣服穿上身，反而會讓自己看起來很突兀。但太晚接受流行，則會因為落後流行太多，讓自己看起來比實際年齡老。

這並不只是時尚敏銳度或外貌的問題，而是與一個人面對生活的態度息息相關。準備好接受並適應新事物的人，會認真觀察這個世界，也會隨著觀察讓自己自然融入潮流。人可以透過這樣的觀察，讓自己的想法與外界的潮流產生相互作用。

曾經我也有過幻想，「要成為一個超越流行的人」，但很久以後我才明白，這實在不容易。由於大眾選擇的流行都是些很普通的物品，如果想超越流行，就必須選擇細節格外複雜的單品，而有能力做這種商品的店家，通常都是所謂的名牌。

如果想超越流行，你會需要財力。若不懂流行，就不可能避開流行，這就好像在寫選擇題時，即使亂猜都有可能猜到答案，沒辦法得到零分一樣。

聰明的追流行，而不是被流行支配

我常聽很多人說「最近似乎沒有特別流行什麼」，但這並不表示現在沒有流行，而是同時流行的東西很多且很分眾。隨著大眾媒體的影響力消失，所有人一致追隨的流行也跟著消失了。以牛仔褲為例，過去緊身褲流行時，所有人都會穿緊身褲。但現在大家的牛仔褲款式都很不同，有貼身的、寬鬆的、舒適的男孩風或媽媽風，還有一些寬褲款式。由於每種款式還是有各自流行的風格，這也使得過去流行的緊身褲、喇叭褲，雖然也可以是一種「分眾流行」，但因為和現在流行的設計有所差異，反而沒辦法拿出來穿了。

沒錯，現在已經是連流行都能配合個人喜好選擇的時代了。

既然我們無法逃避流行，不如就讓自己進入這個變化萬千的世界，稍微跟上一點流行吧！那種「只會用一年的流行配件」，我每年大概都會買個兩、三次，可能是衣服，也可能是包包、鞋子或首飾。在這個時候，我不會特別強求款式要獨特，而是會配合當下的流行購買，所以在挑選時，也會適度地對價格或品質做出讓步。這樣即使流行退去，我也能毫不留戀地放棄那些物品。

有趣的是，那些看似只會短暫支配街頭，然後徹底消失在時間洪流裡的流行，壽命其實比我們想像中要長許多。當我抱持著很快就要與之道別的覺悟買下一件商品等，那件商品卻陪在我身邊長達數年之久，讓我有種自己似乎意外掌握到某種潮流的感覺。

自然吸收流行，跟沒有主見、盲目追隨流行的人截然不同。或許我們必須透過練習自然吸收流行，重新適應這個不好好學習並做出改變，就無法生存的世界。

你背的是品牌，還是皮包？

前陣子有位讀者傳了一則訊息給我，對我表達崇拜，說讀完我的文章之後，開始想成為自己的主人。那則訊息裡有這樣一句話：「以後我不要再買什麼名牌包，我要努力成為自己的名牌。」

讀完這段話之後，我感嘆說：「想買就買吧，名牌包哪有什麼？幹嘛把自己比喻成那樣？」

「衣服可以買便宜的，但皮包還是買名牌吧！」開始對購物產生興趣之後，我常會聽見這句警世名言。在我的人生吃過一些苦之後再回頭看，發現這句話既不是完全正確，但也不是完全沒道理。我深刻體會到，我對名牌包所代表的象徵性、對該象徵的解釋都與過去大不同。

曾經，名牌包對熱愛購物的人來說，幾乎是不可或缺的必需品。奢侈品有許多品項，但皮包能帶來巨大的滿足。

有些衣服雖是名牌，卻無法給人花大錢的滿足感。剪裁要是不合身，會感覺像是從路邊攤買來的，若是要突顯設計師的特色，則大多是在日常生活中，鼓起勇氣才能穿上身的款式。至於珠寶或手錶等，則是看到價格就令人敬而遠之。

相較於這些奢侈品，人們對皮包的包容性就比較高。不容易受限於體型或風格，甚至還兼具炫耀的效果，走在路上被識貨的人一眼看出，就能讓人感到無比滿足。透過名牌包滿足自己炫耀的欲望，不知從何時起，變成一件很俗氣的事。如今，人們已經不將名牌包視為欲望的象徵。

若用國語字典查詢「名牌」，可以找到兩個定義：一是「出色或出名的物品、作品」，以及「全球知名，且價格十分昂貴的品牌所推出的產品」。在第二個意義從第一個意義分化出來之前，一直很關注名牌包的我便經常混亂不解。

由出色的匠人一針一線縫製，經過十幾年也該要始終如一的包包，為什麼會這麼不耐髒、不耐撞、不耐壓呢？如果是出色的匠人，應該知道要如何做出輕巧堅固的包款才對吧？偏偏這些皮包跟我的認知相去甚遠，它們的重量與價格成正比，售後服務甚至比不上電子飯鍋，實在讓我驚訝。

品質和價錢不一定成正比，名牌也是

當時名牌這兩個字對我來說，就是象徵「即使埋進土裡三百年再拿出來，也依然閃閃動人的朝鮮白瓷」一樣。不過後來當我明白，在英文中翻譯為「奢侈品」的這些名牌，都是為了那些不執著於耐久度、實用度與高保值度的有錢人所製造出的產品時，我心中的疑問便迎刃而解。

名牌並不是證明某人的價值，也不是滿足自我現實需求的某種價值累積，只是一個「時髦的東西」。為了將那份時髦感投射在物品上，需要花費許多設計費與行銷費，而這些花費則反映在售價上。如果即便需要花費這麼人一筆錢，也想把這個東西拿在手上，你就可以選擇購買名牌包。

不過，如果你是會想了解名牌是否值得該價錢的人，那任何一個名牌包都無法滿足你。名牌確實可以用很久沒錯，不過我相信，對購物稍微有興趣的人都知道，這種「希望物品的使用時間能拉長」的心態，有很大一部分是源自希望能回收投資金額的心理，且在使用期間還必須付出不少的費用及努力，以維持物品的狀態。

這些被簡化為「名牌」的物品，還有另一個名字是「奢侈品」。打從一開始，奢侈品的價值就與「實用性」沒有太大的關係，就像人們會想透過旅行、美食等，追求難以量化的滿足感一樣。名牌對我來說，也只是一個是否要欣然承受「高價花費之間做選擇」的經驗，我不需要為名牌添加價值，也不需要抱持先入為主的刻板印象。

比起認為自己應該要有一個名牌包的想法，我覺得用「剛好自己喜歡的皮包就是名牌包，花錢買這個包是在投資興趣」的觀點來看待整件事，或許更恰當。總之，我最近對這些重到讓人心生畏懼的皮包敬而遠之，開始偏好只要一萬韓元的環保包。

畢竟，我認為沒有什麼包，能比我的肩膀和腰部健康更重要。

不適合卻硬留下，才是浪費

我屬於宅在家的人，也是人家常說的「宅女」。矛盾的是，也正是因為這樣，我很喜歡特地出門購買特定的幾樣東西。因為我的親身經歷告訴我，「人們說要到外頭吹吹風才能感覺自己還活著」，這句話是真的。特地出門購物這件事，能幫助我跟人群交流，卻不需要耗費太多精力相處，同時又可以一個人到外面走走。

「東西還是要親眼看過、親手摸過再買比較好」，也是一個爭論許久的話題。我覺得很多人認為，絕對不能在沒試穿、沒試摸衣服的情況下購買，所以在無法外出、無法與人接觸的新冠疫情時代，我開始注意到適合像我這種宅女的購物現象。

在這個過程中，最讓我感到荒唐的一件事，是即使直接觸摸、試穿這些衣服，也不表示我真的認識這些衣服。看著賣場鏡子裡穿上這些衣服的自己，我會產生一種扭曲的錯覺，我意識不到衣服的剪裁是否適合自己，也可能直接忽視一些不太好的細節。

有時候更是要穿了一陣子，才會發現自己買了一件活動不太方便的衣服。我的個性不夠仔細，所以買衣服時必須透過照片，看其他人穿起來的樣子，或是閱讀別人穿過之後列出的優缺點，才能提高購物的成功率。

我記得以前曾在基礎繪畫課程中，學過畫圓的方法。要一口氣畫出一個俐落的圓，需要的不是別的方法，而是用較鈍的鉛筆重複多次疊畫，就能畫出一個像樣的圓。這麼多條線疊在一起，就可以不借助工具，畫出幾近完美的圓形。

購物時接觸到的資訊，對我來說就像是在幫一個完美的圓打草稿。即使留下這些資訊的人都有各自的喜好，關注的特點也大不相同，但只要把他們畫的圓全部疊加起來，就能依稀看見適合我的圓會是什麼樣子。

我不是盲目地跟著他人亂買，而是在別人的草稿上畫出適合自己的圓。

以我的情況來說，我會挑選具體寫出優點和缺點的評論來看。有些人分數給很低，我更會特別注意他們寫的內容，但如果是我沒興趣的內容，我也會直接跳過。例如像運送、包裝等與品質無關，取決於購買者心情的意見；或是抱怨衣服看起來很廉價、有一堆線頭、做工不夠仔細等，都是我會忽視的內容。即使有明顯的缺點，但只要那件商品符合我的需求、能滿足大多數的人，且缺點在能忍受的範圍內，購物成功的機率就會比直接去一趟實體店面要高得多。

確實，有一些行銷策略是瞄準人們會相信他人成功經驗的心理，不過要靠人為操控創造出大量值得信賴的評價，其實並不容易。獲得大量好評的物品，通常有很明確的優點。當基於這些評價所做的選擇出錯，我會直接把這筆花費，想成是不必直接出門購物的代價，畢竟直接出門購物，也得付出時間與金錢，還得承受生理上的疲勞感。

不適合就退貨，也能避免產生浪費

我經常覺得，用什麼樣的態度來挽回網購的失敗，可看出一個人的許多特質。只要商品本身沒有太過致命的瑕疵，我不太會退貨。我在購物上原本就很慎重，幾乎不會有需要退貨的情況，即使真的需要，我也不太會退。

與賣家溝通、協商、預約宅配，再與宅配員約定時間、另外支付損害賠償金等，一連串的過程令我頭皮發麻。整個過程帶來的壓力，對我來說超過買錯商品所帶來的損害，我也一度覺得這個想法有部分是對的。

但不知從何時開始，我覺得把這些令人不滿的物品留在身邊，帶來的負面影響似乎比想像中還要長久。例如，之前我曾經買過一件杏色羊毛衫，因為覺得適合搭配一件被我長期束之高閣的無袖連身長裙。但收到衣服後才發現，這兩件衣服跟我的臉非常不搭，是最糟糕的組合。羊毛衫本身很漂亮，我認為可以跟其他衣服搭配，所以就掛在衣櫃裡沒退貨。至今三年過去，前陣子配合換季整理衣櫃時，我直接把那件衣服拿去回收了。

我不太會堆放不穿的衣服，但那件衣服能逃過回收的危機，原因只有一個，就是「那是一次也沒穿過的新衣」。如果我收到羊毛衫的當下，試穿後覺得不適合就立刻退貨，就不必承擔其長時間占據衣櫃空間的損失，也不必每次看到它都得思考該如何處理，甚至不需花費當時購衣的機會成本。花五千韓元退還這件定價一萬韓元的衣服，我依然還是有賺。

當我們在投資中產生損失時，已經投資的財物便稱為「沉沒成本」。執著於這些沉沒成本的人，通常不太擅長經營自己的人生，這種行為在心理學上稱為「沉沒成本謬誤」。**這也讓我們知道，如果放不下留戀，就很難做出真正對自己有益的選擇。**

因為不想支付退貨費用，而把不適合的物品留在身邊；覺得都已經花錢購買，所以遲遲沒有處理這些不合適的物品，都是一種陷入沉沒成本謬誤的狀態。

其實，大多數的大型電商都已建置完整的系統，只要按一個鍵就能輕鬆退貨。當我們謹慎地想畫一個完美的圓，卻不小心失敗時，如果能不要緊抓著沉沒成本不放手，網路購物其實是很不錯的世界。

為何衣服不能用租的，一定要買？

曾經有段時期，我覺得喜歡的東西就一定要拿到手。喜歡的音樂就要買唱片、喜歡的電影就要買DVD、喜歡的文學作品就要買實體書，我認為，必須把這些喜歡的東西儲存在三次元空間，才能真正享受其價值，這對當時的我而言，是理所當然的想法。

但不知從何時起，人們開始認為「擁有」是一件麻煩的事。自從十幾年前科技開始改變人類的生活之後，我從沒想過竟會遭逢如此劇變。

如今，很多體驗都能被租借形式取代，也多虧這些服務，生活空間變得簡便許多。而我認為最需要租借服務，卻始終沒有任何人推出的就是「衣服」。

我在購買日常服飾時，腦海經常會浮現自創的公式。我會假設衣服每穿一次就能扣五千韓元，並評估是否能穿到售價被扣完為止。不過，除了被稱為「One-mile wear」（意指在居家一點六公里以內穿的衣服，代表不必特別打扮卻又很有品味的時尚穿搭）的衣服之外，其他衣服要達標似乎都不容易。這些為了特定活動而購買的衣服，很容易只穿一次就淘汰。這種衣服會令我驚覺「只穿一次就要付出三十萬韓元的代價」，且它們還會占據衣櫃空間和機會成本。

我以前覺得，只需要買一套像樣的衣服，在重要場合就能不必煩惱穿搭。但「重要場合」總會拍照留念，每到這種時候都穿上同一套衣服的我，在照片裡看起來就像複製貼上，顯然這個做法也有一定的極限。

無論品質再好，一套衣服讓人感覺有模有樣的時間並不如預期長。流行總是在微調、纖維材質在衣櫃裡放久了也會風化，這些都會讓人在拿出衣服時，發現其狀況已糟到無法再穿上身。

當我發現這些當初下定決心購置的衣服，最後卻淪落到只穿一次就丟的窘境時，我便開始尋找是否能以租借代替購買。但不管怎麼尋找相關資訊，可租借的衣服就只有派對服、演奏服等特殊服飾，或是提供給社會新鮮人的面試服裝等。

當網路出現各種租借服務後，開始有頭腦動得快的店家，注意到像我這樣的消費者。當提供租借衣服的平台出現後，我滿心期待地註冊會員，但能逛的店家卻令我失望透頂。最重要的問題是，網站上幾乎借不到我喜歡的衣服。即便有些人經過激烈競爭，幸運借到受歡迎的衣服，但使用後的心得卻充滿抱怨。可能是因為衣服經過很多手，受到汙染又經過重複洗滌，導致衣服的狀態非常不好。

在租借服務中，高品質服飾並不多，而能借到類似服飾的地方，價格與服務費又高得令人卻步，實在沒有吸引力。衣服具備的私人性，還有比預期更高的折損率，成為人們共享衣服時面臨的困難。這樣的情況導致租衣業者消失，其消失的原因就跟我當初想要租借服飾的理由類似。

管理衣櫃就像經營服飾店，要具有流通性

在經過多次的嘗試性錯誤後，我想出幾個方法。首先，特殊的日子不需要花錢買衣服，而是應該配合目的買一次性的衣服。因此應該配合「願意投資多少費用在只穿一次的衣服上」，來擬定預算。

我建議，不妨用經營服飾店的概念來管理自己的衣服，如果沒有平台能提供租借服務，就由我成為流通者，讓衣櫃裡的衣服能有

流動性。我可以自行決定汰換週期，大膽地整理不需要的衣服。透過買一套新衣服，就要捨去一套用途相同的舊衣服為概念，以這種方式維持自己的衣服庫存。

我衣櫃裡放的衣服，都是一些如果我是服飾店客人，應該會想買下的衣服。這些衣服被衣架掛起，方便隨手拿取。**不過我們需要提醒自己，「保存衣服」其實也需要花費。**

近來人們不只因為特殊需求而租借衣服，也會因為氣候變遷和環境問題，重新關注服飾租借服務。租借衣服所獲得的收入實在不多，要讓這項服務成為主流，似乎還有很長的路要走。在這個輕點智慧型手機就無所不能的時代，租借服務竟然無法成功，實在讓我不得不懷疑是有人刻意不讓它成功。

真希望能有個厲害的人出現，打造一間能租借好衣服的公司，把我的錢全部賺走。

只留下體驗後的美好，也是一種享受

談及喜歡購物，我們很自然會聯想到「嘗鮮者」（early adopter）這個詞。這些人會比其他人更早試用新商品，並主導整個社會的流行，這是無可否認的事實。不過，我對於購物一直保有警戒心，所以無論再怎麼喜歡購物，都無法成為嘗鮮者。

被嘗鮮者推崇的商品，在被大眾接觸之前必須經過一段努力期，這又稱為鴻溝（Chasm，事業一開始看起來很成功，後來卻無法繼續成長，陷入嚴重的停滯狀態）。商品必須克服嘗鮮者與大眾之間的鴻溝，才能不再只是少數人的喜好，進而成為真正的流行。

我通常只會買那些剛跨過鴻溝，開始成為流行焦點的物品，且只會在流行期間使用，不會太珍惜。這樣的我屬於晚期使用者（late adopter），跟嘗鮮者是相反的概念。

但矛盾的是，意識到自己是晚期使用者的人，其實已經知道哪些是最新潮流，只是沒有立即跟上而已。因為不關注潮流的人，不會被歸在這些分類當中。

我屬於敏銳的晚期使用者，很快就能發現嘗鮮者偏好的物品，且我會持續關注該潮流，因為看著新東西越過流行的閘門，進入到像我這種普通人也會有興趣的領域，是非常有趣的過程。

有時候，看似有流行潛質的東西，會真的開始流行，有時則會是某些我眼中很不可思議的東西成為流行，這些東西最後甚至成為經典。例如兩千年代中期，人們首次看到英國知名模特兒凱特・摩絲穿上緊身牛仔褲，還不太相信那會成為流行。

當時大家都認為，這種完整展現下半身曲線，甚至連身材缺點都一覽無遺的褲子，似乎根本不可能成為流行。當緊身牛仔褲出乎意料成為流行之後，這股風潮甚至還持續了十年之久，就連我也買了好多條緊身褲。

面對這種在全球成為潮流的流行，不被流行影響反而比追隨流行要困難許多。例如在緊身褲流行期間，我們很難買到其他款式的牛仔褲，就連上衣、外套、鞋子，都只會配合緊身褲推出合適的款式。於是，緊身褲逐漸不再只是流行，而成為一種基本穿搭。

一般人看待流行的態度，其實是不值得信任的，畢竟「客觀上看起來很醜」的東西，只要成為主流後，就會漸漸變得好看。就像緊身褲引領全球風潮之後，便開始被人們認為是一種無關體型，任誰都能穿得好看的基本款。前幾年以笨重設計為主打，直接取名為

「醜鞋」的某款鞋子，在掀起流行之後，便成為許多人心中可愛的基本款運動鞋。

只要在有大約百分之十的人，開始覺得某樣商品很可愛時，晚期使用者就可以花錢購買，這樣一來便能充分感受到該商品的魅力。這些經過嘗鮮者驗證的獨特商品，能讓平淡無奇的人變得更亮眼。

消費時不盲從，也能減少衝動購物的機率

我偶爾會坐在市中心的咖啡廳窗邊，欣賞窗外風景。即便現在常有人說「在咖啡廳獨自喝咖啡，卻沒有看手機或筆電的人，基本上是心理變態」，但我還是喜歡獨自坐在咖啡廳，觀察人群及世界。

走在街上的人們都怎麼穿、戴著什麼樣的耳機、跟同行的人走在一起時，會做出怎樣的非語言表現、迷路時會如何行動、最顯眼

的店面位置，曾開過哪些店、近來林蔭道新種的樹如何……，這些小事都會隨著時間而改變，而感受那些潮流讓我覺得很有趣。

身處在已經改變的世界，被強迫接受流行固然不壞，但感受到新事物，並提早在流行之前將那些事物變成屬於我的東西，成了我享受世界的一種方式。我的個性太過謹慎，要成為充滿冒險精神的嘗鮮者有些困難，但經由這些樂趣所淬鍊出的選擇，能讓我的消費更安全，也更加適合我。

不過，即便我如此謹慎，也還是有願意嘗鮮的品項，像是沒有實體的物品，或是不會留下任何實體的東西，例如付費訂閱娛樂內容、電腦軟體等，在人們還感到十分抗拒時，我便已經很中意這些服務。最大的原因在於，我知道訂閱可以輕鬆取消。

傳統的訂閱服務是種讓人感到厭煩，卻又總是不小心掉入陷阱的機制。想解除訂閱，必須要承受對方頑強的反對，這讓人傷透腦筋。再不然就是要拚命打電話到退訂部門，嘗試請他們協助退訂。有時甚至還會被要求付違約金。

在經歷過幾次「訂很容易，退訂卻無法隨心所欲」的傳統訂閱手法後，讓我光是聽到訂閱兩個字就倒胃口。不過，如今的企業非常聰明，已經清楚知道要能輕鬆退訂，人們才會果斷訂閱，於是按幾個鍵就能立刻取消訂閱的服務，前仆後繼地出現。我們可以從現在的手機APP，看出這樣的趨勢。

面對那些用過後感到失望，也不會留下任何實體的物品，我會心甘情願地成為嘗鮮者。如果覺得不太合適，我就能退訂並回到過去。只要那些新東西能充分融入我的生活，我的小小世界就又能開啟一個全新的可能。

基於同樣的理由，我對食物也算是嘗鮮者（early taster）。從「人生的所有消費都是體驗」的觀點來看，實在沒有比享用美食更安全的選擇。美食兼顧了兩個條件，即時間（當季）與空間（產地），保證能帶給你美好體驗，又不需要承擔擁有的風險。**比起會折舊的物品，體驗後便消失，不留下形體的選擇，反而更符合我的喜好。**

在熱愛美食且味覺很敏銳的韓國，當一名美食領域的嘗鮮者，真是件非常有趣的事。

時代會變，但經典永流傳

我的一位外國朋友來到首爾，對人們的穿搭感到驚嘆。看到他如此驚嘆，我也覺得很訝異。他說首爾街頭的人們都有很棒的穿搭品味，穿衣服如同電影演員般好看。讓他說出這段話的地方，是個單純的辦公區，路人也都只是普通的上班族，再怎麼看都看不出有誰穿得很像電影演員。於是我問他，究竟是覺得誰的穿著看起來很像演員，他便指了幾個人給我看。

恰巧他所指的那幾個人，身上都穿著風衣。這麼說來，在國外的幾個大城市，好像也很少看見穿著風衣的人。風衣被認為是一種很好搭配的服飾，也給人一種這個人好像很會穿衣服的印象。或許因為如此，只要穿上風衣，就有一種被鏡中的自己給迷住的魅力。

不知是否因為這樣，即便韓國的春秋兩季很短，能穿上風衣的日子寥寥可數，但風衣依然是我衣櫃中數量最多的單品。這對不太隨便買衣服的我來說，可以算是個意外。不過，即便我已經有這麼多風衣，依然每年都還是想買新的風衣。

除了已經擁有的經典款風衣之外，我每年都還會配合流行變化，持續購入設計款風衣。例如下襬採斜裁設計的風衣、紅色風衣、蛇紋風衣、像連身洋裝般貼身的風衣、短風衣、剪裁寬鬆，感覺會拖到地上的風衣……這些風衣的設計都融入了該年的流行元素，卻又經典到讓人覺得似乎能穿一輩子。

雖然我看到風衣就想買，但只要打開衣櫃，放眼望去就能治好這種每年定期發作的「風衣病」。

「等到下次可穿風衣的季節，究竟能有幾天呢？」

「在上一個能穿風衣的季節裡，我到底穿了幾次風衣？」

「我真的能丟掉衣櫃裡的任何一件風衣，挪出放新風衣的空間嗎？」

每當想買風衣時，我總會用這三個問題問自己，壓抑自己的物欲。現在衣櫃裡的五件風衣，有些甚至還沒機會穿出門，能穿風衣的季節便已過去，但我又捨不得整理。再加上風衣的價格並不便宜，更讓人難以斷捨離。

所以，現在我穿風衣已經不太看季節跟場合了。在可能會弄壞衣服的一日小旅行當日、跟不需要太拘束的人碰面時，只要我想，我都會穿風衣。

近來，大家已能接受運動褲配風衣的穿搭，我覺得很棒。有時候我會想成為如同風衣般的人，看起來很有格調，同時兼具包容性，即使在其中增添一些特殊元素，也不會太過特立獨行，能跟著時代一起改變，本質卻始終如一，且能持續受歡迎，這真的是件很棒的事。

TIP

為何家居服才該買新的，而不用舊衣取代？

意外地，家居服若想符合「舒適」定義，其實要滿足很多要求。

每個人感覺舒適的元素都不同，所以從外出服退役下來成為家居服的那些衣服，其實並不容易滿足這些要求。以我的情況來看，我喜歡的家居服一定要彈性好、觸感柔軟、領口要夠寬大，避免在刷牙洗臉時弄濕，而且不可以太鬆或太緊。此外，一定要是即便沾到髒汙，也不容易被發現的顏色或花紋。

若想刻意花時間找這種衣服，並不容易，老舊的外出服則幾乎無法完全滿足這些條件。

若仔細思考可發現，家居服可說是做家事時穿的工作服，也是不會妨礙伸展肢體的運動服，同時，衣服本身還必須承受我們穿著時，因滾動所產生的摩擦、頻繁的清洗等。

在有過無數次將舒適的家居服穿破及穿舊後，我認真覺得，即使要花一大筆錢，也得買件舒適耐穿的家居服才是上策。

第四部

4

用不到、穿不到，也是一種浪費

歷經多次搬家與整理後，
我才發現當物品被收在看不見的地方時，
其實等同於不存在。
那些深信總有一天會用到的物品，
多年來始終被遺忘，
直到搬家時才被我找到，且立即被丟棄。

看不見的物品，等同於不存在

前幾天我在逛網購商城時，發現一個符合我喜好的復古盤子。瞬間，我的腦海中浮現用那個盤子裝甜點吃的畫面，不用一分鐘我就確定，那絕對是我人生中的必要物品。唯一阻止我按下結帳鍵的，是我在購物時經常會想起的一個畫面。

在那個畫面裡，我打開廚房上方的收納櫃，尋找能放新盤子的地方。收納櫃共有三格，其中最上面那一格因為搆不到，所以還空著。我透過想像中的攝影機，仔細察看打開櫃子後，是否有空間能放盤子，或是手能碰觸到的地方是否還有空間，或是有無能淘汰的舊容器。

不過，無論我怎麼模擬，都找不到適合的空間，這也使我想結帳的熱情逐漸消退。只是我依然覺得很可惜，於是便實際走到廚房，打開收納櫃察看。如果看完後，仍然沒找到能放新碗盤的空間，我就會徹底遺忘在眼前揮之不去的復古盤子。

不知從什麼時候開始，我決定是否要買一件商品的標準，變成「能否把該物品放在能看見的地方」。如果我新買一個很滿意的盤子，卻必須把原本在用的盤子放進倉庫或收納櫃深處，我會乾脆選擇不買。歷經多次搬家與整理後，**我才發現當物品被收在看不見的地方時，其實等同於不存在**。那些深信總有一天會用到的物品，多年來始終被遺忘，直到搬家時才被我找到，且立即被丟棄。

不知從何時開始，我認為只有眼睛看得見的東西才真的「存在」，我也會把那些實際存在的東西，放到能看見的地方。例如收納櫃裡的廚具，我會拿出來且一字排開，放在隨手就能拿到的地方，空出收納櫃。衣服則全部都會用衣架掛起來，且不以季節分類，而是以外衣、內衣等方式收好。那些無法展示擺放的物品，則會裝在籃子裡，分門別類並貼上標籤來收納。

我家的物品都依種類放在固定的地方，如果空間不夠，我不會選擇增加空間，而是會丟棄舊物品。神奇的是，每次整理時，都一定會出現要丟的東西。除非是遇到結婚或生產等改變人生的大事，否則我會用到的物品們，絕對不會離開或超出固定的位置。

認為「只有能看到的東西才存在」的習慣，也讓我輕鬆改變自己的購物習性。就像我最後關掉復古盤子的結帳視窗一樣，這個習慣會阻止我購物。但有時候，也會讓我在不確定家中是否有某物品時，連找也不找就直接買新的。

像是需要「以前好像在家裡看過的管路膠帶」時，如果沒辦法立刻找到，我就會覺得翻箱倒櫃很浪費時間，不如乾脆買新的。反正膠帶未來也會用到，就算買了新的，之後若在家中其他地方發現舊有的膠帶，也不會覺得後悔。

購買洗潔精、塑膠袋等消耗品時，即使單買會比較貴，我也會堅持各單買一個。這樣一來，就能把這些東西放在顯而易見的地方，不需要花時間去找。還有，我的衣櫃裡只放實際會穿的衣服，這樣也不用多花時間找衣服。現在的我，已經習慣無論是什麼物品，都不要花超過三分鐘去找。

堅持認為只有看得見、摸得到的東西，才是真實存在的態度，比想像中更需要勇氣。因為想把不屬於這個範疇的東西整理出清，就等於是捨棄了它們可能會派上用場的機會。但當我習慣這個做法之後，生活變得簡單許多。

當東西能被看見，才有存在的意義

以往我總相信，將那些看不到的東西也拉進看得見的範疇內，就是人生的意義。我渴望看見對方沒能表現出來的真心，而對方也希望我這麼做。當時的我之所以總想從垃圾堆裡找出寶石、之所以對生活中無形的困難感到恐懼、之所以愚蠢地放棄自我迎合他人，都是源於這個想法。

但現在我知道，當初會有這種想法，都是因為我懶得花費力氣，不想區分看得見及看不見的東西。我現在很清楚，物品的可能性不是沉睡在被我棄置的領域，而是會從我始終抓在手上的部分萌生。

因此，如果你覺得人生很複雜、過得很累，那先試著改變想法，讓自己相信只有看得見的東西，才是真正的存在。當你了解到人生會因為自己的決定，而變得有多麼簡單後，你肯定會嚇一跳。

房子不是樣品屋，是要用來「住」的

雖然我很愛待在家，且身為專職作家的我，會有很多時間待在家裡，但真正讓我開始在乎室內裝潢的契機，並不是因為經常在家，而是因為一些物質上的需求。

那個需求不是其他，就是錢。

我以前住在需要支付高額保證金的傳貰房（編按：韓國特有的一種租房方式，不需每月繳納租金，而是在入住時將一筆押金交給房東，租約到期不再續約時，可全額領回該押金），這件事就發生在我第一次想搬離那棟房子的時候。當時我正懷孕，打算在生產前搬到新家，並在新的地方落地生根。可是我從懷孕初期一直等到即將臨盆，原本住的那棟房子都沒能租出去。

拿不回保證金，會讓我蒙受一筆不小的損失，著急的我最後決定嘗試其他方法，於是開始花錢整頓家中，想辦法讓自己住得舒適些。我換了新的浴室洗臉台，也將廚房的老舊流理台用木紋貼皮進行大改造。當我如此整頓屋況後，花了好幾個月都找不到新租客的房子，竟一夜之間就找到了下一名房客。

雖然我幸運拿回保證金，但還是覺得有點吃虧。住在那間房子裡的那幾年，室內裝潢又醜又不方便，我竟然直到要搬走了，才願意花費時間和金錢改善屋況，讓房子看起來更能住人。不管怎麼想，都覺得我好像做了蠢事。

這也促使我改變想法，即使後來住的地方仍是租來的，我都沒有再把它當成「別人的家」，而是當成「自己要住的家」，盡心盡力裝潢。當我開始這麼做之後，無論是要替房東找新租客，還是要賣掉自己買的房子，都能很快吸引眾人的目光。

雖然裝潢好看的房子不見得能賣得比較貴，但在講究買賣時機的不動產市場中，空間本身能很快吸引到買家，就是一個很大的優點。有些人或許會認為「反正同樣都是公寓，不如買便宜的，之後再自己花錢裝潢」是合理的做法，但有過幾次房屋交易經驗後，我發現，人們反而更容易被裝潢好看的房子吸引。

或許有人會認為，房屋買賣是一筆為數不小的交易，因此最該在意的事情是利害得失。**其實，越是這種大額交易，人們越會重視自己的感覺和心情**。這樣的觀察也讓我更堅信，雖然不知道會在這間房子裡住多久，但至少入住期間要盡量將空間打造得舒適愉快。

買下自己的房子之後，我在正式搬家的前一年開始訂閱室內裝潢雜誌，或是一有機會就去參觀公寓樣品屋，學習如何打理室內空間。由於室內裝潢是一旦決定要花大錢，預算就可能會無限增加的一件事，所以我很努力想在能負擔的範圍內，實現自己對室內裝潢的想像。

但即便如此，房子還是不會像雜誌裡的樣品屋，也不會變得跟咖啡廳一模一樣。曾經我相信，這是預算不足造成的問題。有一段時期我認真鑽研裝潢，光用肉眼看也知道地板的板材施工費金額，那時我最大的夢想就是能不在乎費用，盡情做自己想要的裝潢。

但歷經幾次上述的過程後，我才終於明白，無論再有錢，都不可能變成一個住在咖啡廳裡的人。畢竟所有的美都伴隨著不方便，咖啡廳那麼美，想必也有一定程度的不便。真不知道為什麼過去的我，會不明白這個原則也適用於室內裝潢呢？

如果希望室內空間看起來寬敞又溫馨，首先家具的高度要低，最好把上方的空間空出來。若只考慮美觀，廚房就不可以有上櫃，偏偏上櫃是廚房最好的收納空間，就連沒有什麼廚房用品的我，都無法想像沒有上櫃的廚具。

所以，如果想把實際生活的空間打造得像咖啡廳，就必須額外規劃放碗盤的空間，或是廚房要夠大，用下櫃的收納空間來彌補缺少上櫃的損失，這才是適合咖啡廳的裝潢。曾經有段時間很流行沒有上櫃的廚房，當時追隨流行不裝上櫃的人，未來要出售房子時，應該會因此吃不少苦頭。

善用燈具、沙發，也能打造有品味的家

若想利用簡單的變化，來為空間增添特色，最佳選擇就是燈具。為了打造有如咖啡廳般的家，我在挑選燈具上特別費心。在這個過程

中我發現，那些我心儀的燈具，全部都不適合韓國的公寓。

在天花板挑高的房子裡看起來像一輪明月的吊燈，要是改放到我家客廳，會像是把一顆月球塞進家裡，令人倍感壓力。這也是為什麼少數適合低矮天花板的吊燈，會被稱為「國民吊燈」，幾乎家家戶戶都有一組。

在公寓中也能營造咖啡廳氣氛的燈具，就是間接照明。我第一次自己花錢做室內裝潢時曾經嘗試過，後來就沒有再做過了。這是因為我醒著的時候，希望家中能明亮得像機場大廳；睡覺時又希望睜眼閉眼都感覺不到任何光源，甚至還特地選用遮光窗簾。所以醒著時亮度不夠，睡覺時又嫌太亮的間接照明，實在讓我很不舒服。

咖啡廳裝潢最不可或缺的元素之一，就是沙發或椅子。近來流行以訂製家具取代收納櫃，大多數人家中最占體積的家具大概就是沙發，再加上沙發所在的客廳是最需要費心裝潢的空間，也是人們在家最常待的場所，所以只要能在客廳放一組像樣的沙發，就能令人眼睛為之一亮。

問題是，這樣的沙發並不像書櫃或流理台，其目的是為了休息而非做事，挑選起來難度又更高了。經過這數十年的煩惱，我得出一個結論：舒適的沙發很難「有裝飾感」。首先，沙發是每天都會跟人體肌膚接觸的家具，顏色要深，才不會有要保持清潔的壓力。我曾買過椅套可拆下來清洗的亮色布沙發，但沒用多久，那些不能洗的部分就變得無比骯髒，而且那組沙發的坐墊很厚實，拆裝椅套實在是個大工程。

布沙發與皮沙發不同，很容易吸附味道，因此就更令人卻步。雖然最近推出不少機能性布沙發，讓許多人得以實現擁有一組白色沙發的夢想，但我認為還得多觀察幾年，才能知道機能性布沙發是否為好的替代方案。

咖啡廳裡讓人們相對感覺較為舒適的沙發，一旦拿來放在家裡就會發現，坐久了容易腰痠背痛。因為沙發要好看又要能點綴空間，靠背必須要低，但靠背低的沙發會使頸椎無法獲得支撐，坐起來自然不舒服。

另外，用好看的獨立靠枕來取代靠背，或是直接在沙發裡加入支撐頸椎的設計，則容易讓人腰痛。結論是，那些幫助咖啡廳營造氣氛的漂亮沙發，其實本身就不適合坐或躺。這不是品質的問題，而是設計本身就是如此。

我曾經為了找沙發，前往以舒適設計聞名的美國躺椅品牌專賣店參觀。當時我試坐了四人座沙發，發現實在是太舒服了，還煩惱是否要購買。但後來我從沙發上起身，站在遠處觀察那組沙發，就決定放棄不買了。即便舒適是很重要的條件，但我很懷疑「把這組粗重沉悶的沙發放進客廳裡，是否真的能讓我的靈魂感到舒適」。

我認為沙發的重要性，大概占室內裝潢的二〇%。而現在我所用的這組沙發，可兼顧我的脊椎健康，讓我的身心都感到舒適。當然，擺放這組沙發後的客廳，與咖啡廳的裝潢確實有段距離。

在經過許多嘗試後，我便放棄咖啡廳風格的裝潢。現在如果我想體驗咖啡廳風格，我會直接前往該處消費。我了解到我想要的，其實是能轉換心情的空間，我不想把休息寄託在美麗與舒適之間，那搖搖欲墜的妥協點。因此當我想感受美麗時，會去優秀設計師以特定概念設計出來的空間，以滿足自我需求。

最近日常生活中的我，追求的室內裝潢重點是「打掃」，這也是我不讓過多實體物品進駐家中的原因。為了打造一個乾淨、簡單，只靠打掃就能將多餘物品清空的空間，目前的我正沉浸在斷捨離的喜悅中。

購物思索

購物帶來的真正快感，
是身處在精心挑選的物品中，
讓這些物品和自己內心的某個部分
一起老去。

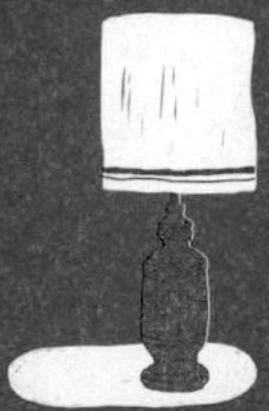

珍惜到最後，常換來一場空

前陣子我收到一份禮物，是可以到飯店餐廳用餐的雙人餐券。如果是以前的我，肯定會想等到紀念日時再用，或是想著可以轉送給別人，然後將這餐券收進抽屜深處，但這次我立刻就跟家人訂好吃飯的時間。

收到這份意外的禮物，我心情有點激動，想在這份喜悅冷卻之前，趕緊用品嘗美食的喜悅延續好心情。我似乎已經很久沒有在收到好東西之後，先把東西珍藏起來，等到最佳時機才拿出來使用。

近來最能打動我的一句話就是「珍惜到最後都是一場空」。

小時候最能令我興奮的禮物，當然就是餅乾禮盒。有客人來家中拜訪或聖誕節時都會收到這種禮盒，也加強了過節的氣氛。禮盒裡放了數十種令人眼花撩亂的餅乾，我總是會先從看起來最不好吃的那個開始吃。看起來最貴、最好吃的餅乾，吃下去肯定會最感動，所以我要先從比較沒那麼好的開始吃，慢慢累積感動，讓感動到最後能達到巔峰。

但真正吃到「最美味的餅乾」的那一瞬間，經常與我的期待大不相同。我眼中最美味的餅乾，要不是被其他家人毫不在乎地吃掉，要不就是因為放太久而受潮。更讓人無言的是，就算完全按照計畫來，我順利吃到最美味的餅乾，卻不如想像中美味。

我平常很少吃這類點心，但就在品嘗禮盒的那段時間裡，已經熟悉了餅乾帶來的甜味，所以實在無法品嘗到想像中的滋味。即便這些事情一再上演，每次收到餅乾禮盒時，我依然不會主動先去拿最好吃的餅乾。

從心理學的角度來看，這表示我的延遲滿足能力很發達，是一種能成就大事的重要指標。這一類人能為了未來更美好的結果，放棄當下一時的滿足。有這種特質的學生，不會為了出去玩而放棄讀書。我的這個特質不光反映在餅乾禮盒上，更在每一個成長階段發揮得淋漓盡致，而這也使我的課業與事業發展比其他人順利許多。

不過，當我開始有足夠的經濟能力能買東西給自己時，我才逐漸了解到我有些很怪的地方。例如手邊可使用的物品中，越好的我越珍惜，這個想把最滿足的時刻盡量往後推遲的習慣，終究為我帶來了損失。像是我曾經下定決心購買某款精品香水（少數能滿足我喜好的高檔香水），一直很省著噴，省到最後香味都變質了。我也曾經把別人送我的護手霜放到過期，更曾在收納櫃裡找到十年前在巴黎買的高級香皂。

在旅行或折扣季時，我買東西的準則不是「需求」，而是「時機」。但越是在這種時候購買的物品，越容易被我放到忘記。我總想著：反正那些都不是現在需要的物品，是一些具有特別意義的東西，似乎不太適合「現在」這個時刻使用。所以當日用品見底時，我都不會去拿那些好東西來用，而是會先拆快到期的、便宜的物品。

當我開始對整理收納產生興趣之後，我才開始注意到這個習慣。我領悟到，當經歷重大變故時，整理物品能幫助人生重回軌道，於是只要一有空，我就會打開收納櫃來整理。我開始會掌握日用品的庫存，也經常發現一些很有價值的好東西，卻因為被我塞在角落而失去發揮價值的機會。這也讓我開始覺得，不可再讓同樣的事情發生。

你的消費，應該要以「現在」為主

仔細想想，延遲滿足只在有獎勵時才有意義。在那個知名的棉花糖實驗當中，那些能忍住不吃眼前棉花糖的孩子，之所以能實現更大的成就，都是因為「可以獲得更多棉花糖」。**所以沒有目的性的延遲滿足，只是讓我們無法妥善運用的壞習慣而已。**

值得享受好東西的最佳時刻，始終都是「當下這一刻」。所以我總會對那個被延遲滿足所影響的自己說：「珍惜到最後都會是一場空。」當我仔細觀察自己的生活模式後便發現，再也沒有一句話能比這句金玉良言更精準描述我的人生。

現在的我，再也不會太過珍惜那些來到生命中的物品，我會以定期清倉的方式，將該用的東西拿出來使用。好的皮包不只會在旅行時搭配精心挑選的穿搭，當要在家附近喝杯咖啡或小酌時，我也會使用。比起刻意維持皮包的狀態，以便能賣個好的二手價，我更想在它最美的時候，多感受其帶給我的喜悅。

若是收到高級化妝品，我也會優先使用，因為最好的東西就該在最新鮮時使用。食物則要從最美味的開始品嘗，因為剛上桌時的狀態最好，在人最餓的時候吃下肚，才會是最棒的美味。

現在如果收到禮券，我會在一週內用完，或是再轉送給別人。我已經不止一次因為得過且過，一天拖過一天，把禮券放到過期或根本忘記。現在的我，最慢會在兩天內清空禮券，並把用禮券買來的東西跟家人一起分享。現在我已經不再會把冰箱的冷凍室塞滿，我會一邊採買食材，一邊思考該如何用這些食材解決下一餐。如果冷凍室塞爆的情況持續一週以上，表示裡面一定有需要盡快享用的食物。

現在無論是什麼物品，我都會放在一開始買回來的包裝裡，等到要用之前才把外包裝拆開。這些包裝能讓我一眼辨認出物品，且因為占空間的緣故，能讓我盡快把東西用完、清出空間，更能幫助我避免買到相同的物品。

現在只要收到好的餐具，我會不吝惜拿出來使用。我並不希望把幾近全新的瓷餐具組留到五十年後，讓我的孫女分享到社群上，炫耀自己家中有一組「復古」餐具。

最成熟的消費方式，是每次只買一點點，並把那一點點徹底用光。

上述言論與購物無關，而是和專注於使用過程的習慣有關，也會影響不會隨便揮霍花錢的生活態度。不光是錢，其他像是時間、熱情、情感也是，如果常被我們任意消耗，便會產生許多無意義的浪費。有時候若不精心切分，我們甚至會無法使用它們。**無論是任何一種消費，都應該以「現在」為前提**。

近來，習慣在家中工作室創作的我，總會在開始工作之前噴香水。雖然是偶然入手的昂貴香水，但我並不在意。就像拍電影時，工作人員會出來打板示意開拍一樣，我也將香味當成轉換心情的工具。這樣總比珍惜到最後，讓昂貴香水變成一無是處的平凡液體來得好，也能使現在的我更幸福。

投資在舊物品上，也是購物的一種

活在製造業發達的年代，我了解到有些東西故障之後，直接買新的比送修更好。我可以理解為何修雨傘、磨剪刀或菜刀的行業會逐漸消失。有些用起來不太順手的物品，堅持使用也就漸漸習慣了。像是用不夠利的食物剪刀，用接近磨的方式把食物剪開；或是因為房門上鎖後就再也打不開，所以乾脆在家就不關門之類的情況。

漸漸習慣這些事之後，才發現這些被我認定為「家」的一部分的物品，其實都只是消耗品，於是我開始逐一更換。更換有些漏水的電煮壺、要用特定角度才能打開的門、昏暗的電燈之後，才發現這些小小的投資竟提升了生活品質。於是我開始像個暴君，拚命更換家中那些不順手、不順眼的物品。

雖然現在的我已認知到，所有物品都只是消耗品，但卻沒有在損壞時就立即更換，反而開始在意修理物品的費用。那些定價昂貴、體積較大的物品，我偏好一修再修，直到我需要的那項功能再也無法使用為止。

讓我不再有興趣更換物品的契機不是別的，就是貓。家裡開始養貓之後，我發現再新、再好的東西都會立刻變舊。雖然貓不會去抓或咬家裡的物品，卻還是會在各個角落留下自己的痕跡。就好像人的手摸過後會留下指紋或汙垢一樣，這些用牙齒跟爪子探索的傢伙，會在物品上留下幾近永久的痕跡。

既然失去對新物品的期待與需求，我開始覺得一定要物盡其用，嘗試盡力修繕損壞的物品之後，我發現這種方法很適合我。

讓物品「物盡其用」

家具或家電等體積龐大的物品，很容易會讓我「撐」到有特價活動時才換。如果沒有找到心儀的新家具或家電，我就不會勉強自己更換。但在這樣的做法之下，這些老東西偶爾也會無法好好發揮作用。

在物品無法發揮作用時我總會想，早知當初就別捨不得花錢修理，要是一故障就送修，肯定能提升生活品質。所以現在只要修理費不超過當初購買價的二〇％，我就會毫不猶豫地選擇送修。因為這表示買新的替代品要花更多錢，修理費比較有益於我。近來提供二手拍賣服務的平台逐漸增加，也讓我更能有效以舊代新，節省開支。只要你決心付費給這些賣家，只需要搜尋數次，就能找到想要的東西。

開始選擇維修家中的物品、買二手商品之後，我家的沙發、電視機、洗碗機、餐桌、冰箱都能長期維持在絕佳的狀態，並逐漸邁向它們的使用年限，直到壽終正寢才離開我家。當原有的物品徹底損壞、不能使用，只能更換成新品時，我也能接受貓咪在這些新品上留下痕跡。畢竟以擁有而非體驗為前提的物品，我更注重它們在我手中所能發揮的用處，所以就算家具出現一點刮痕，我也不會難過得心如刀割。

讓物品能物盡其用、發揮應有功能的心態，能讓我不「隸屬」於某項物品，我覺得這樣很酷。**我認為，讓人費盡心思、擔心會受傷的物品，只要有「人」就夠了。**

購物前先整理，有進就要有出

隨著購物經驗累積，我漸漸感覺到比起物品的價值，更重要的是，該物品能否跟家中既有的物品形成和諧的搭配。比起二話不說購買一個漂亮盤子，我更需要稍微想像，該盤子能否與家中的任何一塊桌布搭配。

除了服飾跟居家擺設用的裝飾品之外，其他生活中會用到的物品，其實也很需要搭配。如果想在購物之前，藉由想像來預測這些物品能否完美融入居家生活，首先需要的不是想像力，而是掌握家中各物品的庫存。你必須先清楚知道自己擁有哪些物品、這些物品的數量還有多少，這樣才不會買錯東西。我認為，「整理」是個很好的習慣。

很多人都誤以為整理是「重新排列」。我曾認為整理是將物品分類，或是將物品堆疊起來，以減少空間占用的比例。後來才發現，在整理的過程中，不可能不丟東西。在只留下必要物品的狀態下，空間自然不會太雜亂。如果你覺得一個空間需要整理，那就表示該處已太過雜亂，放了太多不必要的東西。

當我覺得家中某個地方需要整理時，我不會大刀闊斧地拿出所有東西，並堆得像山一樣再開始整理。我認為這種事情，每隔幾年在搬家時做一次就夠了。

因此，我總是定期做小規模的整理，一次只整理一個區塊，挑出要丟的東西，再從中選出還堪用及要拿到二手市場出售的，剩下的就直接丟掉。直到我覺得丟得差不多了，才會拿出所有物品並重新排列。

當我把東西全部拿出來時，又會出現其他該丟的物品。以這種方式整理後，要丟棄的物品並不多，還在我能承受的範圍內，這樣我就不必承受一定要在特定時間內，完成大範圍收納整理的壓力，反而更能督促自己定期整理。

不要為了購物而增加收納空間

家中物品的增加，總會讓我有壓力，所以在購物前，我會先確認是否有要丟棄的物品。「一進一出」是我的原則。只要我中意的物品，其用途跟家中某樣無法丟棄的東西重複時，我就不會購買。例如家裡已有能打出一杯果汁的小果汁機，那我就不會再去買多功能調理機，此外，也不會同時出現電子鍋和不鏽鋼壓力鍋。之前我購買附有除濕功能的家電後，便將家中的除濕劑丟了。

雖然家中的物品都不是針對特定需求而購置，固然會對生活帶來一些不便，但我心甘情願。與其讓生活中充滿雜物，我更偏好偶爾忍受不便。

買了新產品後，我會給自己一段猶豫期。因為有時雖然買了升級款，但用過之後才發現，舊款比較好用。這時，我不會把新款留下來，而是會盡快用二手價賣出，或直接送給身邊有需要的人。

仔細想想，**我們所擁有的東西中，「空間」其實要價最昂貴**。如果要讓我放棄自己擁有的空間，物品的用途就必須非常明確。一開始覺得用途不明而被丟棄的某些東西，後來又因為有需要而重新購買，其實也不是太大的損失。

想釋放壓力時，就買會消失的物品吧！

整體來看，我們確實能隨心所欲地生活，但仔細一想便會發現，其實生活中很多小事都無法由我們掌控。即使是看似輕鬆成就一切的人，仔細觀察便會發現，實現成就的過程也在他們身上留下不少痕跡。而在這凡事都不能稱心如意的人生中，唯一能立即取得成果的行為就是「購物」。這或許是我們會被購物吸引、從中獲得短暫安慰的原因。

即使是像我這種家中沒有太多東西的人，有時也會需要藉由「購物」來滿足自己。只能任由命運擺布時、只能隨波逐流時、突然驚覺人生無比悲傷時，或是在忍受人際關係所帶來的孤獨時，我總會想購物。即使我知道這種感受只是人生必經的過程，只要能撐過去，一切都會好轉，但我仍想購物。

這種時候，我會選擇購買「會消失的東西」。我不想輸給這股無謂的衝動，不希望失去理智時購買的物品，最後成為壓力來源。

時不時需要拿出來擦的護手霜、很快就會用完的身體乳液等等，就是我的最佳選擇。當我開始購買時，通常都是為了讓自己開心，所以也不會因為覺得某樣產品很好就回購。護手霜跟身體乳不同於臉部乳液，沒有固定的品牌，我通常會選包裝好看、味道好聞、正在特價的品項，可說是在衝動下完成的購物行為。

如果護手霜或身體乳的數量多到用不完時，那我就會改買食物。我本來是個不太吃麵包或點心的人，有陣子卻會因為「能讓我感受到購物的樂趣」，而去購買知名店家的麵包，現在反而變成一個常吃麵包的人。如果買豆腐或蔥之類的食材，也能讓我獲得快感，不知該有多好，偏偏人似乎只有在買一些非生活必需品時，大腦才會分泌多巴胺。

此外，前往咖啡廳消費，也是個不錯的選擇。因為這不只是單純在外喝昂貴咖啡，而是購買停留在那裡的體驗與時間。進入新環境時，會喚醒平時沉睡在心中，卻從沒醒來過的某種感性。

旅行、看電影等，都是會留下美好體驗的內容消費

近來，在「會消失的購物品項」中，常讓我花小錢的是娛樂內容。我會花錢買喜歡的電影，或是付費買網路漫畫，並一口氣看到最新進度。如果是會玩遊戲的人，那花錢在遊戲上就是一種內容消費。

只要條件充分，我想在這方面的最佳消費，應該就是旅行吧！旅行被我歸類為內容消費的一種，因為不存在實體，在消費的同時便會消失，只留下購物經驗，與旅行的特質不謀而合。花費在旅行上，唯一會讓人感到後悔的部分，或許就是懊惱「怎麼不多玩幾天」。

當我們回想特定時期的幸福感時，首先會想起旅行期間的回憶。如果說人的認同由記憶所累積，而某人生命中的記憶，有一半以上都能帶給他強烈的幸福感，是否就能定義這個人過得很幸福？旅行的價值在於，能讓人感到幸福。

為了讓自己能不必特別壓抑購物欲望，你可以先決定部分購物清單。清單不一定是需要分期付款，或會占用家中空間的東西，只是一些小東西也無妨。現在就拿出筆記本，列出「購買後會消失的品項」吧！

即便我在購物上有許多原則，仍有一樣東西始終像披了隱形斗篷，總是不受原則拘束，那就是書。

經驗消費就是內容消費，但即使我消費了再多無形的內容，唯有書我依然選擇紙本。雖然我也會買電子書跟有聲書，但只會用這些方式讀特定類型的書籍。若是想要認真閱讀的書，我一定會購買紙本。

根據心理學家的論點，紙本書的意義不只是幫助人們多接觸文字。摸著紙張堆疊出來的體積，我能夠很輕鬆地意識到自己讀了多少，這比想像中重要多了。

很久以前，開書店算是一份不錯的工作。書的體積不大，陳列方便，小小的空間能創造很大的收益。書籍的優點，已體現在我的書房理。書具有很高的價值，卻不需要占據太大的空間，能讓我在購買時，不太需要擔心物品體積過大的問題。

一眼就看中的物品，卻不太好用？

以前在一個討論戀愛煩惱的聚會上，我聽到朋友說過這樣的話：「一見鍾情的對象最後都會變成孽緣，很難幸福到最後。」

雖然我不太信前世今生，但「孽緣會藉著一見鍾情的吸引力延續下去」這句話，我覺得挺有道理。不是因為對方的個性或內涵，而是因為第一眼的印象，就確定自己要跟這個人走一輩子的情況，就叫做「一見鍾情」。於是兩個人相處的時間便是在驗證過程，讓我們發現當初的一見鍾情是個錯誤，自然不容易有好結果。

這種推論也適用於購物。

雖然這種情況很少見，不過那種第一眼就吸引我，讓人非買到手的物品，最後都沒什麼好下場。小時候逛文具店時，我曾經看上一支自動鉛筆，當時我花了一整個月的零用錢把它買下來，結果居然只用了兩天就故障解體。還有，我也曾經在百貨公司一眼相中某件昂貴的連身洋裝，買來後卻也只穿了兩次。

相較之下，反而是讓人覺得好像不錯，但又好像沒有特別好的東西，或是因為看第一眼時沒發現什麼缺點而買下來的東西，會隨著時間流逝，漸漸展現自己的優點。**無論是人還是物品，若是只憑藉著「好感」，就盲目地讓其進入自己的生活，只會危害到彼此。**

在日常生活中，我一直努力讓自己過得積極正向，不過在買東西時，我依然是個帶有批判性的人。所以比起物品的優點，我更會去看它的缺點。畢竟該物品的優點，就是當初讓我興起購買念頭的誘因，所以在考慮是否要入手時，當然也會去計較缺點。如果缺點多於優點，優點也不再是優點時，我就會放棄購買。

如果該物品有我難以接受的缺點，但卻依然無法果斷放棄時，我就會試著努力去「體驗」。

例如前陣子我看別人背了一個皮包，因為覺得不錯，於是我也上網尋找，發現其他人的使用心得裡提及皮包很重。雖然如此，我還是一直很在意這個皮包，於是決定直接到店裡試背。當我把皮包背在肩上時，在我心中醞釀了一整個月的喜愛，在三秒內就蒸發了。畢竟無論皮包再怎麼美，我都不想買一個如同鐵塊般沉重的物品，來虐待自己的肩膀和脊椎。

不適合的物品進入家中，是一種浪費

無法親自體驗時，我會透過賣家提供的物品資訊，來確認皮包的重量，再從家裡找出類似的品項來測試，試著拿相同重量的皮包出門。這樣一來，就會想起自己為何很少提這個皮包出門，當然，購買新皮包的欲望也會徹底煙消雲散。

在我看來，皮包的美與重量有很大的關係。雖然並不是越重就越美，但美麗的皮包通常都很重。因為能夠突顯皮包特色與高級質感的所有元素，大多與重量有關。過去曾經有段時期，我認為皮包就跟電腦或自行車一樣，越輕越貴、越輕越好，但當時我不知道的是，把皮包當成奢侈品看待的人，根本就不會拿著昂貴的皮包在路上行走。

也許會有人想，像我這樣一一計較物品的每項條件，難道不會活得很累嗎？不過對我來說，要阻止物品進入家中，只需要花費一次的體驗機會。但如果不合適的物品進入家中，該物品便會持續影響我的人生。所以，阻止不合適的物品進入家中，是我的基本原則。我只會把注意力放在那些能刺激情感需求的東西上。

仔細比較物品的優缺點並認真思考，自己是否能承受這些缺點，就能阻止那些如同「讓人一見鍾情的壞男人」般的物品，進入自己的生命中，浪費寶貴的空間。

購物前，不妨先上二手平台尋找

所謂「百分之四的法則」，是指無論一個問題的答案再怎麼顯而易見，都有至少百分之四的人，跟大多數人抱持不同論點。例如「不能殺害無辜的人」，這種有明確答案的問題，竟有超過百分之四的人給出相反的答案。

所以在統計學上，低於百分之四就不會被認為是有意義的數值。這群理所當然存在於世上的「怪人」，一百人中竟然就有四個，他們平常都躲在哪裡呢？二手市場便是能讓人以匿名的方式，出售物品以換取金錢，也是能讓這些人現身的地方。

我在多次嘗試二手交易後，便理解為何如今世上仍有上千萬人，相信地球是平的不是圓的。即使沒有和那百分之四的消費者碰面，只要看那些被拿出來賣的東西，就能看見許多與眾不同的喜好。

二手市場上經常能看見比網路最低價還貴的二手貨，也有不少狀態很微妙的商品。與其說二手市場是個能讓人用便宜價格挖寶的地方，我更認為，是個要和「用低價購物」的欲望相處、對抗的戰場。

曾經我把一瓶好幾年都沒使用的香水，放到二手平台上出售，本以為很快就能賣掉，沒想到結果卻跟我想的很不一樣。也因為這次的經驗，我才會成為一個懂得妥協的極簡主義者。

當我不知哪根筋不對，突然想買些沒用的小東西時，我就會去二手市場看看，這樣一來，想購物的欲望便會立刻平息。**如果你想藉由購物紓解壓力，那就應該以「購買經驗」代替「購買實體物品」**。

如果真的想買實體物品，需要謹慎挑選。網購來的東西若是跟預期的模樣不同，即使要承擔一些損失，我也認為要立即退貨。整理時，如果看到沒價值的東西，也應該要毫不留戀的丟棄。

妥善利用二手平台，讓舊物新生

雖然我很努力地讓自己不要利用二手市場，但這並不代表我認為它是個沒用的地方。我其實很贊同前文提及的「訂閱式購物」想法，這是一種讓二手物品能生生不息的概念。我也曾經是二手交易平台的重度使用者，在搬家等特殊情況下，我會把不需要的東西拿到二手市場上賣。

只是，現在的我已不會再對二手市場有任何留戀，不會想在上面挖寶，而是單純使用它最基本的功能。所謂的基本功能，就是出售用不到的東西，並從其中獲得一些收益；當我要在二手市場購物時，雖然價格常比預期高，但卻比新品便宜，因此能滿足我的需求。這樣一來，交易很快就能成立，我也不會因為物品售價跟自己的認知有落差，而在內心天人交戰。

有趣的是，如果是免費贈送，或是以幾乎免費的價格出售物品時，就會有機會遇到那百分之四的怪人。

當交易的物品越來越少時，二手市場相對來說會變得很有意義。如果以多買多賣的心態來體驗二手交易，購物的目的反而就會偏離自我了。

TIP

不建議花錢修改的物品，是什麼呢？

我會選擇衣服。

曾經有段時間，我接受網路文章的建議，把退流行的、不喜歡的衣服拿去修改後繼續穿。其實現在也是，只要看到曾經喜愛的衣服被冷落在一旁，我就會覺得有些可惜，並認真考慮是否要拿去修改後再繼續穿。

不過根據我的經驗，修改衣服很容易讓人白花錢。

衣服是一種即使在購買之前已經試穿過，買回來也實際穿過幾次，但仍會發現有些地方跟自己想的不一樣，最後漸漸束之高閣的物品。平

凡人藉由自己的美感去修改衣服後，真的就會重新穿上該件衣服嗎？

其實就算是專業的造型師，也很難完美修改藝人的舞台裝，這樣對比後便可了解，當一般人修改普通的衣服時，會是什麼結果了。

希望你所購買的每一件東西，
都能使你的人生光彩燦爛。

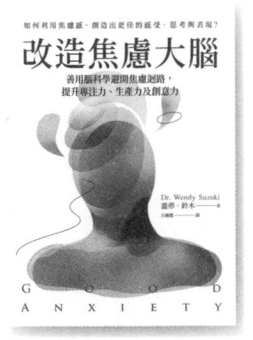

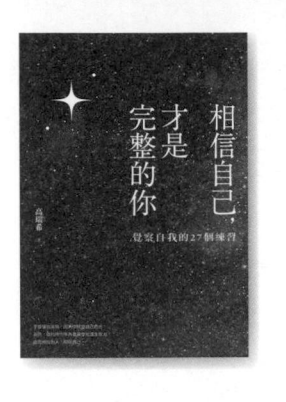

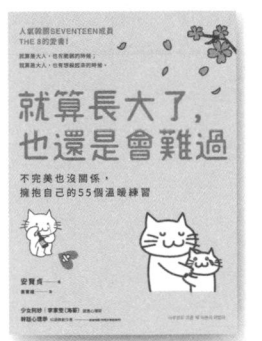

心靈漫步

人生不能照單全收，買東西也是

你怎麼買東西，就會怎麼過日子！

2023年12月初版　　定價：新臺幣360元
2024年2月初版第二刷

著者　南仁淑
譯者　陳品芳
叢書主編　陳永芬
校對　陳佩伶
內文排版　吳郁嫻
封面設計　Dinner Illustration

出版者　聯經出版事業股份有限公司
地址　新北市汐止區大同路一段369號1樓
叢書主編電話　(02)86925588轉5306
台北聯經書房　台北市新生南路三段94號
電話　(02)23620308
郵政劃撥帳戶第0100559-3號
郵撥電話　(02)23620308
印刷者　文聯彩色製版印刷有限公司
總經銷　聯合發行股份有限公司
發行所　新北市新店區寶橋路235巷6弄6號2樓
電話　(02)29178022

副總編輯　陳逸華
總編輯　涂豐恩
總經理　陳芝宇
社長　羅國俊
發行人　林載爵

行政院新聞局出版事業登記證局版臺業字第0130號

本書如有缺頁，破損，倒裝請寄回台北聯經書房更換。　ISBN 978-957-08-7150-0 (平裝)
聯經網址：www.linkingbooks.com.tw
電子信箱：linking@udngroup.com

내 방식대로 삽니다: 남인숙의 쇼핑 심리 에세이

國家圖書館出版品預行編目資料

人生不能照單全收，買東西也是：你怎麼買東西，就會怎麼過日子！/南仁淑著．陳品芳譯．初版．新北市．聯經．2023年12月．240面．14.8×21公分（心靈漫步）
ISBN　978-957-08-7150-0（平裝）
[2024年2月初版第二刷]

1.CST：消費者行為　2.CST：消費者心理學　3.CST：購買行為

496.34　　112017027